曲柄-等距固接双连杆机构微侧压力往复活塞式发动机原理及其应用

张更云　邢俊文　刘红彬　桂　勇　编著

北京理工大学出版社
BEIJING INSTITUTE OF TECHNOLOGY PRESS

内 容 简 介

本书结合作者留俄学习经历,概述 59~7 350 kW 的曲柄-等距固接双连杆机构微侧压力往复活塞式内燃机的设计开发和制造加工经验。

本书全面介绍了曲柄-等距固接双连杆机构微侧压力往复活塞式内燃机所依托的曲柄-等距固接双连杆机构的运动学方案与工作原理,59~7 350 kW 的曲柄-等距固接双连杆机构微侧压力往复活塞式内燃机的基本参数和结构,活塞单向、双向工作的曲柄-等距固接双连杆机构微侧压力往复活塞式发动机的结构设计和测试结果,曲柄-等距固接双连杆机构发动机运动学和动力学,曲柄-等距固接双连杆机构作用力的计算确定。

本书面向动力机械及工程专业的研究生,以及从事高功率密度活塞式内燃机设计开发研究的科研人员、加工制造及使用维护工程技术人员。

版权专有　侵权必究

图书在版编目(CIP)数据

曲柄-等距固接双连杆机构微侧压力往复活塞式发动机原理及其应用／张更云等编著. —北京:北京理工大学出版社,2021.4

ISBN 978-7-5682-9644-1

Ⅰ. ①曲… Ⅱ. ①张… Ⅲ. ①双连杆-连杆机构-侧压力-往复运动机构-活塞式发动机-研究　Ⅳ. ①TK05

中国版本图书馆 CIP 数据核字(2021)第 049884 号

出版发行 /	北京理工大学出版社有限责任公司
社　　址 /	北京市海淀区中关村南大街 5 号
邮　　编 /	100081
电　　话 /	(010)68914775(总编室)
	(010)82562903(教材售后服务热线)
	(010)68948351(其他图书服务热线)
网　　址 /	http://www.bitpress.com.cn
经　　销 /	全国各地新华书店
印　　刷 /	三河市华骏印务包装有限公司
开　　本 /	710 毫米×1000 毫米　1/16
印　　张 /	11	责任编辑／钟　博
字　　数 /	210 千字	文案编辑／钟　博
版　　次 /	2021 年 4 月第 1 版　2021 年 4 月第 1 次印刷	责任校对／周瑞红
定　　价 /	68.00 元	责任印制／李志强

图书出现印装质量问题,请拨打售后服务热线,本社负责调换

前　言

本书让读者了解功率范围为 59~7 350 kW 的曲柄－等距固接双连杆机构微侧压力往复活塞式发动机，介绍曲柄－等距固接双连杆机构发动机中，活塞的侧压力是如何消除的、活塞的往复运动是如何由曲柄－等距固接双连杆机构转换成输出轴的旋转运动的。这个机构方案最初由苏联科学家应用于蒸汽机，并称为无连杆机构方案（Схемы бесшатунного механизма），该机构中有类似连杆的活塞连接杆，活塞连接杆不作摆动，只与对置连接的两个活塞一起作往复直线运动，可以看成活塞的一部分，因此称为活塞连接杆而不称为连杆。后来，人们创建了大功率航空型发动机，本书第二章中介绍相关的主要信息。

曲柄－等距固接双连杆机构微侧压力往复活塞式发动机的受力机构、运动学、动力学和布局方案与传统的曲柄连杆机构发动机有许多根本区别，书中进行了详细介绍。由于曲柄－等距固接双连杆机构微侧压力往复活塞式发动机结构简单，外形尺寸小，又可高速运行，燃气能使活塞双向做功，因此其升功率和比体积功率几乎提高了一倍。

在该类发动机中，活塞本身几乎不受侧压力的作用。活塞本应承受的侧压力几乎完全由活塞连接杆侧面的滑块承受。只有在发动机实际运行中活塞往复运动中心线与活塞连接杆中心线出现偏移时才会产生微小的侧压力，整个运动机构的侧压力仍然存在，但这个侧压力低于传统曲柄连杆机构发动机活塞侧压力的 0.04%，因此活塞的侧压力降低非常明显，几乎可以忽略。

活塞侧压力的转移，将使活塞、缸套的工作条件发生较大的改善，不会出现"拉缸"等故障；燃烧室密封性将大为加强，摩擦面的润滑要求大为降低。活塞冷却装置采用闭式强制润滑油循环冷却，活塞可以在气缸内双向做功，即使在高速、增压的额定工况下，也能够提供适量的冷却润滑油给活塞环，保证气缸－活塞组的可靠润滑与适度冷却，因此使气缸－活塞组的使用寿命更长。

采用曲柄－等距固接双连杆机构几乎完全消除了活塞与气缸壁之间的摩擦，并且按单位功率比较，显著减小了机构运动副的负载和摩擦。与传统的曲轴连杆机构发动机相比，曲柄－等距固接双连杆机构发动机成倍减小了摩擦引起的总功率的损失，显著提高了机械效率，改善了经济性，增加了可靠性，并为延长发动机的使用寿命创造了有利条件，也为进一步通过提高增压压力、活塞平均速度及转速来强化发动机提供了条件。

相比传统发动机，曲柄－等距固接双连杆机构曲柄－等距固接双连杆机构拥有更大的功重比和单位体积功率。相对于传统曲柄连杆机构发动机，设计的曲柄－等距固接双连杆机构柴油机功重比提高约40%，这是由其自身结构特点决定的。在一个气缸间隔内可以布置4个气缸，共用了部分空间。同时，曲柄－等距固接双连杆机构柴油机相邻两气缸轴线夹角可以根据使用条件进行适当的改变，理论上只要不发生零部件干涉，这个夹角可以是除了0°和180°的任意角度，但结合实际，夹角不宜过大或过小。另外，考虑到活塞与连杆相对静止，如果在每个活塞的底部也增加一个燃烧室，在发动机体积变化不大的情况下8缸变为16缸，将会使柴油机的功重比、单位体积功率进一步提高。在每一款曲柄－等距固接双连杆机构X形微侧压力往复活塞式发动机的研发过程中，都体现了曲柄－等距固接双连杆机构方案的良好性能和技术优势。在10年内，人们开发、制造和测试了许多成熟的曲柄－等距固接双连杆机构微侧压力往复活塞式发动机，如OMB、МБ－4、МБ－46、МБ－8、МБ－86、OM－127、OM－127PH等型号的发动机，其结构和功率各不相同，根据这些发动机研发积累的经验，人们设计制造了一款重型风冷航空发动机M－127K。所有研制的曲柄－等距固接双连杆机构微侧压力往复活塞式发动机与相同功率的曲柄连杆机构发动机相比，外形尺寸成倍减小，升功率大，有效燃料消耗率低，比质量低，使用寿命更长。

曲柄－等距固接双连杆机构微侧压力往复活塞式发动机可以成功应用于海运、河流、铁路和公路运输，拖拉机和其他农业机械。使用曲柄－等距固接双连杆机构微侧压力往复活塞式发动机可以采用分段设计原理，允许用相同的零件与组件组合获得不同功率的发动机，零部件通用化率高。采用曲柄－等距固接双连杆机构，可以创建用于各种用途的柴油机和汽油机，高速蒸汽机，活塞式压缩机、泵，摩托燃气发动机，组合型涡轮－活塞式发动机以及各种活塞摇臂设备。

限于当时的设计手段为手工绘图，机体设计与加工、装配周期长，加上研制经费的问题，该型发动机未能进一步开发和广泛运用。随着设计手段的发展与材料、加工工艺、内燃机电子控制水平等的现代化，曲柄－等距固接双连杆机构微侧压力往复活塞式发动机在高机动性运载车辆要求的高功率密度发动机的开发上将有广阔前景。目前研究尚不够深入，但它作为一种高机动性运载车辆发动机有着较大的发展潜力。

编　者

目　　录

第一章　曲柄-等距固接双连杆机构的运动学方案与工作原理 …………（1）
　　第1节　曲柄-等距固接双连杆机构运动学方案与特点 ………（1）
　　第2节　曲柄-等距固接双连杆发动机的结构方案 ……………（11）
　　第3节　缸内单向和双向作用的曲柄-等距固接双连杆-
　　　　　　滑块机构发动机的特点 …………………………………（15）

第二章　曲柄-等距固接双连杆机构发动机的基本参数和结构 ………（25）
　　第1节　58.8～1 202.9 kW 四缸发动机 ОМБ ………………（25）
　　第2节　102.9～294.0 kW 曲柄-等距固接双连杆机构
　　　　　　单作用发动机的研制 ……………………………………（38）
　　第3节　1 543.5～2 058 kW 十二缸曲柄-等距固接
　　　　　　双连杆机构发动机 OM-127o ……………………………（45）
　　第4节　车用单作用曲柄-等距固接双连杆机构发动机的
　　　　　　结构方案 …………………………………………………（47）
　　第5节　2 352 kW 八缸双作用发动机 OM-127PH ……………（50）
　　第6节　7 350 kW 二十四缸曲柄-等距固接
　　　　　　双连杆机构双作用发动机 M-127K ……………………（64）

第三章　曲柄-等距固接双连杆机构发动机运动学和动力学 …………（72）
　　第1节　运动学方程 ……………………………………………（72）
　　第2节　八缸发动机 OM-127PH 的机构运动学 ………………（75）
　　第3节　二十四缸发动机 M-127K 的机构运动学 ………………（77）
　　第4节　机构中作用力和反作用力的确定 ……………………（79）
　　第5节　燃气压力 ………………………………………………（80）
　　第6节　惯性力与惯性力矩 ……………………………………（81）
　　第7节　惯性力的合成和力矩的合成及其平衡 ………………（84）
　　第8节　确定导向反作用力的方程 ……………………………（85）
　　第9节　影响系数 a_{ij}、b_i、c_i、c'_i 的确定 ……………………（91）
　　第10节　发动机的扭矩 …………………………………………（96）
　　第11节　运动副上作用力的简化方法 …………………………（97）

第四章　曲柄-等距固接双连杆机构发动机研制过程和设计经验 ……（101）
　　第1节　曲柄-等距固接双连杆机构发动机研发的主要阶段 …（101）

第 2 节　双作用活塞发动机主要零部件的开发与完善 …………（102）

第 3 节　双作用发动机 OM – 127PH 和 M – 127K 的研发 ………（115）

第 4 节　双作用发动机气缸 – 活塞组的热状态及
润滑油的散热 ……………………………………………（121）

第五章　曲柄 – 等距固接双连杆机构发动机在双主机坦克
动力系统上的应用 ………………………………………（126）

  第 1 节　双主机坦克动力系统方案 …………………………（126）

  第 2 节　双主机坦克动力系统的辅助系统 …………………（129）

  第 3 节　双主机坦克动力系统的主要性能分析 ……………（130）

  第 4 节　两主机输出动力控制原理 …………………………（134）

第六章　曲柄 – 等距固接双连杆机构发动机 OM – 127 作用力和
反作用力的确定 …………………………………………（135）

  第 1 节　气体作用力、惯性力和沿气缸轴线的合力的确定及
发动机的扭矩 ………………………………………（135）

  第 2 节　确定影响系数 a_{ij}、b_i、c_i、c_i' …………………（150）

  第 3 节　曲柄 – 等距固接双连杆机构发动机中确定反作用力
的标准方程解法 ……………………………………（159）

参考文献 …………………………………………………………………（170）

第一章 曲柄－等距固接双连杆机构的运动学方案与工作原理

第1节 曲柄－等距固接双连杆机构运动学方案与特点

在曲柄－等距固接双连杆机构微侧压力往复活塞式发动机中，气缸中对置的两个活塞与活塞的连接杆作往复直线运动，通过承力机构的转换，往复直线运动转变为输出轴的旋转运动。气缸内活塞均可以单向做功工作，也可以双向做功工作。单向做功工作时，气缸内的活塞如同传统曲柄连杆机构发动机的活塞，只有活塞顶面与气缸、气缸盖、气门等构成一个燃烧室而工作，在下文中称这种工作方式的发动机为单作用发动机；双向做功工作时，活塞的顶面与底面均与对应的气缸、气缸盖、气门等构成两个燃烧室，两个燃烧室分时工作，在下文中称这种工作方式的发动机为双作用发动机。与传统的曲柄连杆机构发动机相比，这两种发动机都利于设计制造高速、外廓尺寸更小的活塞式发动机。

图1所示是两种单作用曲柄－等距固接双连杆机构微侧压力往复活塞式发动机的气缸结构布局。

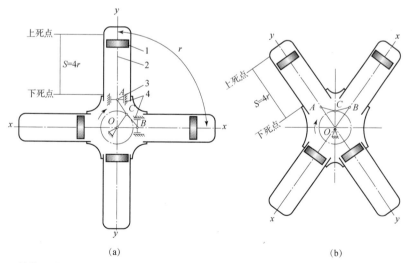

图1 单作用曲柄－等距固接双连杆机构微侧压力往复活塞式发动机的气缸结构布局[①]
(a) $\gamma = 90°$；(b) $\gamma \neq 90°$

---

① γ 为轴线 $x-x$ 与 $y-y$ 的夹角。

每对同轴布置于气缸两侧的活塞 1 连接到一个共同的连接杆 2，在连接杆 2 的中心 A 处有滑块 3，滑块 3 沿着位于曲轴箱中的导轨 4 滑动。滑块分别在点 A 和 B 与中间过渡杆 ACB 铰接，中间过渡杆 ACB 的中心点 C 与点 O 的连接构件为曲柄 OC，曲柄 OC 绕点 O 旋转。

导轨 4 和中间过渡杆 ACB 严格保证活塞 - 连接杆组件分别沿着相应的气缸轴线 $y-y$ 与 $x-x$ 协同作往复直线运动。当发动机工作时，活塞本体几乎不受侧压力作用，即使与气缸壁接触也不会相互摩擦或只有很微小的摩擦。

为了实现两个连接杆在轴线 $y-y$ 和 $x-x$ 的方向上无干涉地运动，气缸布置时，在发动机的纵向轴线方向上，一个气缸的轴线相对于另一个气缸的轴线要偏移一定的距离，即轴线 $y-y$、$x-x$ 分别位于发动机纵向轴线方向具有一定距离的两个横向平行平面上。

上述构件构成的机构是曲柄 - 等距固接双连杆机构微侧压力往复活塞式发动机的核心机构，本书定义为曲柄 - 等距固接双连杆机构，"曲柄"即曲柄 OC，"固接双连杆"即连杆 AC 与连杆 BC 做成一个构件固联，"等距"即曲柄 OC 的长度等于连杆 AC 的长度，也等于连杆 BC 度长度。通过曲柄 - 等距固接双连杆机构，可以将各个气缸或气缸排放置在发动机的横向平面中，其轴线之间可以有不同的角度，即连杆 AC 与连杆 BC 不一定在同一直线上。

图 1（a）所示为轴线 $y-y$ 与 $x-x$ 之间的角度为 $\gamma = 90°$ 的曲柄 - 等距固接双连杆机构，连杆 AC 与连杆 BC 在同一直线上。图 1（b）所示为轴线 $y-y$ 与 $x-x$ 之间的角度为 $\gamma \neq 90°$ 的曲柄 - 等距固接双连杆机构，连杆 AC 与连杆 BC 不在同一直线上。

如图 2（a）所示，在 xOy 平面，让杆 ACB 以如下方式移动：其端部点 A、B 分别沿着相互垂直的轴线 y 轴、x 轴滑动，即点 A 沿 y 轴、点 B 沿 x 轴移动。当杆 ACB 在任意位置时，相对于 Oy 轴的夹角为 α，则点 C 的坐标为：

$$y_C = BC\cos\alpha = r\cos\alpha \tag{1}$$

$$x_C = AC\sin\alpha = r\sin\alpha \tag{2}$$

从式（1）和式（2）可知，点 C 与原点（点 O）的距离始终恒定：

$$OC = \sqrt{y_C^2 + x_C^2} = r$$

即点 C 在以点 O 为中心、以 r 为半径作圆周运动。

如果用曲柄 OC［图 2（b）］将点 C 连接到点 O，并沿轴 Oy 和 Ox 分别建立点 A 与 B 的导向装置，则可得到一个机构，该机构将点 A 和 B 的直线运动转换为曲柄 OC 的旋转运动。如果沿着点 A 或 B 的运动方向施加作用力，将使曲柄 OC 转动；反之，通过转动曲柄 OC，可使点 A 和 B 沿着各自的导轨移动。

这种方案是曲柄 - 等距固接双连杆机构的基础，其中间过渡杆 ACB 称为等距固接双连杆，该杆具有特殊形状。

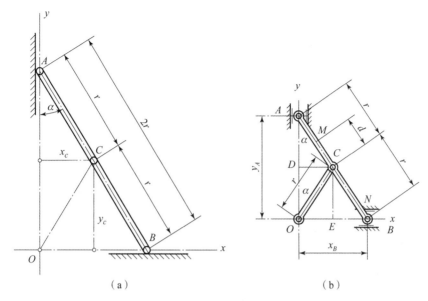

图 2 曲柄-等距固接双连杆机构原理
(a) 点 C 的坐标；(b) 机构方案

下面分析确定点 A 和 B 的坐标与曲柄 OC 转动角度的关系。从图 2 (b) 中看出，由于三角形 ACO 是等腰三角形，因此曲柄 OC 与 Oy 轴之间的夹角也等于角度 α。因此

$$y_A = OA = OD + DA = 2r\cos\alpha \tag{3}$$

$$x_B = OB = OE + EB = 2r\sin\alpha \tag{4}$$

点 A 和 B 在两个极限位置的坐标如下：

当 $\alpha = 0°$ 时 $y_{A\max} = 2r$；

当 $\alpha = 180°$ 时 $y_{A\min} = -2r$；

当 $\alpha = 90°$ 时 $x_{B\max} = 2r$；

当 $\alpha = 270°$ 时 $x_{B\min} = -2r$。

曲柄 OC 旋转一周完成一个完整的循环，点 A 与 B 完成一次往复运动。点 A 与 B 两个极限位置的距离为 $S_A = S_B = 4r$。在此期间，中间过渡杆 ACB 也完成一次完整的旋转，但旋转方向与曲柄 OC 的旋转方向相反。如果用 ω 表示曲柄旋转的角速度，ω_C 表示中间过度杆 ACB 的角速度，则 $\omega_C = -\omega$。

曲柄 OC 处于任意位置时，点 A 和 B 均与坐标轴构成直角三角形 OAB，斜边为 ACB，其长度等于 2r：

$$\sqrt{y_A^2 + x_B^2} = 2r$$

图 2 (b) 中点 M 位于点 C 和 A 之间，点 N 位于点 C 和 B 之间，在运动过程中点 M 和点 N 的轨迹为椭圆。当点 M 距点 C 的距离为 d 时，其坐标为：

$$y_M = BM\cos\alpha = (r+d)\cos\alpha \qquad (5)$$

$$x_M = AM\sin\alpha = (r-d)\sin\alpha \qquad (6)$$

式（5）和式（6）转换后，得到点 M 的椭圆方程为：

$$\frac{y_M^2}{(r+d)^2} + \frac{x_M^2}{(r-d)^2} = 1$$

椭圆的长轴沿着一个导轨的轴向，且该导轨轴线离运动点较近。例如点 N 运动的椭圆轨迹长轴位于 x 轴上。

对于曲柄－等距固接双连杆机构，点 A 和 B 的运动方向互相垂直不是必要条件。图 3 所示为 $\gamma \neq 90°$ 时的曲柄－等距固接双连杆机构方案。

绘制两个直径不同的圆（图3），一个圆在另一个圆的内部且相切，即两个圆有且只有一个内切公共点，一个圆的半径为 r，中心为 C，另一个圆的半径为 $2r$，中心为 O。以点 O 为圆心，通过旋转曲柄 OC，使半径为 r 的小圆在半径为 $2r$ 的固定大圆上作无滑移的滚动，则中间连接杆 ACB 会一起作与曲柄 OC 相反方向的转动。显然，在这种情况下，在滚动小圆上任何一点的轨迹，是通过该点与固定大圆圆心的直线。例如，点 A 沿垂直方向 $A'A''$ 运动，点 B 沿水平方向 $B'B''$ 运动，点 D 和 E 各自沿倾斜的直径 $D'D''$ 与 $E'E''$ 运动。因此，不仅通过点 A 和 B 的相互垂直的直径可以，任何一对过圆心的其他夹角的直径都可以构成曲柄－等距固接双连杆机构，例如点 A 和 E，通过点 C 连接成夹角为 γ 的等距弯形固接双连杆 ACE，杆 ACE 的点 A、E 沿着相应的固定直径 $A'A''$ 与 $E'E''$ 方向运动。

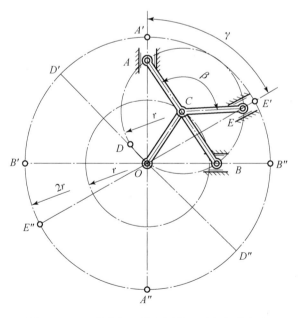

图3　$\gamma \neq 90°$ 的曲柄－等距固接双连杆机构方案

如果直径 $A'A''$ 和 $E'E''$ 的夹角为 γ，CA 与 CE 的夹角为 β，则 ACE 的角度 β 应等于 2γ。这是根据以下原理，这两个角度都是基于相同的弧长，即弧长 AE = 弧长 $A'E'$，AE 对应小圆角度 $\beta(ACE)$，$A'E'$ 对应大圆角度 $\gamma(AOE)$，而大圆的半径是小圆的 2 倍，所以弧长 $A'E' = 2r \cdot \gamma = r \cdot \beta = AE$。

γ 可以是 $0° \sim 180°$ 的任何角度，但不得等于 $0°$ 或 $180°$。从图 4 可见，夹角为 $\gamma' = 180° - \gamma$ 的机构与夹角为 γ 的机构机理相同。

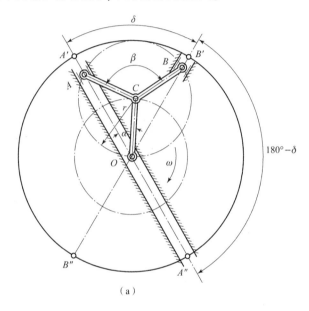

(a)

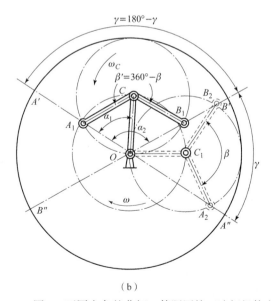

(b)

图 4　不同夹角的曲柄 – 等距固接双连杆机构方案

与点 C 连接的动点可以多于两个，只要位于同一个小圆上的点都可以（图 5），只是每增加一个动点，等距固接连杆必须相应增加一个等距固接分支连杆，且每一对气缸的轴线必须沿发动机的纵向轴线移动一定距离，因此原来的曲柄 - 等距固接双连杆机构也相应地叫作"曲柄 - 等距固接多连杆机构"，即机构可以有多种布局，如等距固接成 Y 形三连杆的曲柄 - 等距固接三连杆机构[图 5（a）]，等距固接成 X 形四连杆的等距固接四连杆机构[图 5（b）]，或气缸排列成不同角度的星形机构。

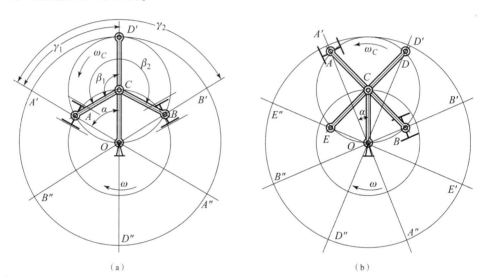

图 5 多动点曲柄 - 等距固接多连杆机构方案

(a) 3 动点方案；(b) 4 动点方案

图 6 所示为夹角 $\gamma \neq 90°$ 的双动点机构，即曲柄 - 等距固接双连杆机构。点 A 和 B 的坐标与曲柄 OC 的旋转角度 α 有下列关系：

$$y_A = OD + DA = 2r\cos\alpha$$

$$x_B = OE + EB = 2r\cos(\gamma - \alpha)$$

基于 y_A、x_B 的关系，等腰三角形 ACB 上的点 A 和 B 之间的距离为：

$$AB = AC \cdot \sin\frac{\beta}{2} = 2r\sin\frac{\beta}{2} = 2r\sin\gamma$$

在等腰三角形 ABO 中：

$$AB = \sqrt{y_A^2 + x_B^2 - 2y_A x_B \cos\gamma}$$

等同表达的右侧，得

$$\frac{\sqrt{y_A^2 + x_B^2 - 2y_A x_B \cos\gamma}}{\sin\gamma} = 2r$$

当轴 Oy 与轴 Ox 为任意夹角 γ、$180° - \gamma$ 或相互垂直的角度时，其夹角的平

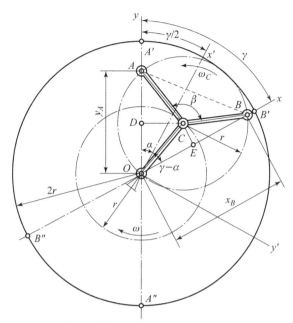

图6 曲柄-等距固接双连杆机构的节点坐标

分线 Ox' 与曲柄 OC 的夹角为 $\alpha - \dfrac{\gamma}{2}$，点 C 运动时在 $y'Ox'$ 上的坐标位置可以方便地用方程描述：

$$\dot{y}_C = r\cos\left(\alpha - \dfrac{\gamma}{2}\right) \tag{7}$$

$$\dot{x}_C = r\sin\left(\alpha - \dfrac{\gamma}{2}\right) \tag{8}$$

变换式（7）和式（8），得到点 C 的圆的方程：

$$\dot{x}_C^2 + \dot{y}_C^2 = r^2$$

现代曲柄-等距固接双连杆机构发动机常设计成气缸排列轴线夹角为 $\gamma = 90°$ 的 X 形 [图1（a）]。

因此，下面进一步讨论与分析夹角 $\gamma = 90°$ 的发动机。

从机构设计方案看出，为保证点 A 或 B 的路径为直线，刚性连接杆 ACB 在点 C 与曲柄 OC 连接，从原理上讲，点 A 或 B（图7）只要有一个导向点就够了。但是这种方案从机构作用力的分布状态看是不可行的。

如果机构只设置一个导向点，如点 A，曲柄 OC 与连接杆 ACB 的 AC 边就形成了传统的曲柄连杆机构，其连杆长度为 CA，曲柄半径为 OC。在这种情况下，若在点 A 施加力 P，则侧压力为 $N = P \cdot \tan\alpha$，沿 AC 的力为 $S = \dfrac{P}{\cos\alpha}$，当夹角 α 接近 $90°$ 或 $270°$ 时，S 会无限增大，趋于无穷大。

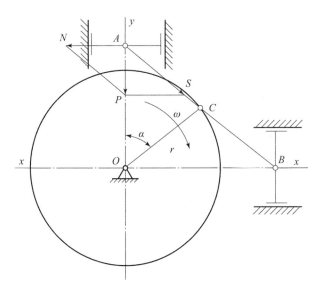

图 7　只用一个滑块时，作用在机构上的力

如果机构采用了两个导向点，则不会出现曲柄连杆机构中的这种情况。

从已有的类型看，曲柄－等距固接双连杆机构发动机的所有运动件与摩擦面之间都有一定的间隙（图8）。间隙的大小、不同心度公差、机构零件大小的偏差应从手册与规范中得出。应该注意的是确保每一个间隙都是直径偏差的一半：$\delta_O + \delta_A + \delta_B + \delta_K$ 或 $\delta_O + \delta_A + \delta_B + \delta_K$（直径间隙 $\Delta = 2\delta$）总是大于额定尺寸工艺偏差的公差总数，机构各零件的标称不同心度或偏心度的公差数据要小于气缸与活塞之间的径向间隙，以及带导轨气缸的不同心度径向间隙。在这些条件下，机构的所有摩擦副都有可靠的间隙来形成承压的润滑油油膜，使活塞和气缸之间没有直接的摩擦。

下面来看力 P 是如何传递到曲柄 OC 上，从而使曲柄转动的。力 P 作用于点 A 处，在运动副间没有油膜的情况下（图9），点 A 处是杆 ACB 沿着 Oy 轴运动的顶点，点 A 和点 B 处有导向滑块，滑块沿导轨运动，两侧对称，有相同的侧向间隙 δ。

当杆 ACB 转动到与 Oy 轴成某一个角度 α 时，力 P 相对于点 C 存在力矩 M，力矩 M 使杆 ACB 转动一个小角度 $\Delta\alpha$，点 A 移动到 A_1 位置，滑块压贴到导轨上。

在杆 ACB 旋转的同时，点 B 向上移动，点 B 处的滑块尚未接触导轨，因为，从图9看出，角度 α 较小时，点 B 从轴心处移动到消除间隙的位移，需要杆 ACB 旋转比 $\Delta\alpha$ 更大的角度。$\angle A_1AA_2 = 90° - \angle AA_1A_2 = 90° - [(180° - \Delta\alpha)/2 - \alpha] = \Delta\alpha/2 + \alpha$，在点 A 处的间隙变化等于 $AA_2 = AA_1\cos\left(\alpha + \dfrac{\Delta\alpha}{2}\right)$，而在点 B 处间隙减小为 $B_1B_2 = BB_1\sin\left(\alpha + \dfrac{\Delta\alpha}{2}\right)$。

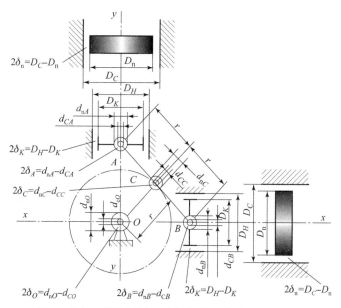

图8 曲柄－等距固接双连杆机构运动副的系统间隙

字母 D 与 d 和代表直径；D_n—活塞直径；D_C—气缸套直径；d_{nA}、d_{nB}—连杆轴承直径；d_{CA}、d_{CB}—杆 ACB 在点 A 和点 B 的轴颈直径；D_H—箱体导轨孔径；D_K—滑块直径；d_{nC}—曲柄 OC 在点 C 处的轴承直径；d_{CC}—杆 ACB 在点 O 处的轴颈直径；d_{nO}—在点 O 的中心轴承轴颈；d_{CO}—杆 OC 中部支点 O 处的轴颈直径

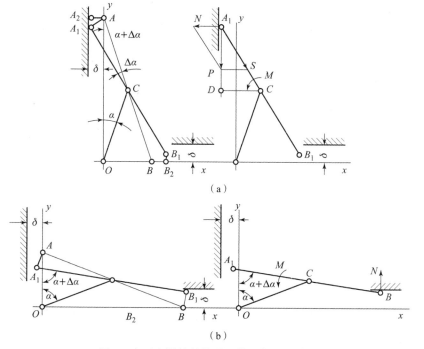

图9 有两个滑块的情况下作用力 P 的传递

力 P 的分解：如同传统的曲柄连杆机构，力 S 沿杆 ACB 轴线方向，力 N 使点 A 紧贴导轨滑动。

滑块在点 A 处被压贴到导轨时，滑块在点 B 处是自由滑动的，没有与导轨接触，这种状态维持到 $\alpha = 45° - \dfrac{\Delta\alpha}{2}$，这时 $AA_1 = BB_1$。

此时，两个滑块都会接触各自的导轨移动。

当曲柄进一步旋转时，点 A 开始离开导轨移动，因为有连接杆 ACB 的作用，滑块在点 B 靠到了其导轨的导向面，力 P 产生相对于点 C 的力矩等于 $P \cdot r \cdot \sin(\alpha + \Delta\alpha)$，将点 B 滑块压向导轨的导向面[图 9（b）]。

以这样的方式，力就传到了导向滑轨，在任何位置上曲柄的作用力为有限值。力 N 施加在点 A 导轨的力为 $P\tan(\alpha + \Delta\alpha)$，当 $\alpha = 45° - \dfrac{\Delta\alpha}{2}$ 时达到其最大值。在 $\alpha = \left(45° - \dfrac{\Delta\alpha}{2}\right) \sim \left(\alpha = 135° - \dfrac{\Delta\alpha}{2}\right)$ 范围内，力 N 作用于点 B 导轨。

滑块与导轨间的间隙为自由状态时，点 A 与 B 的运动轨迹如图 10 所示。

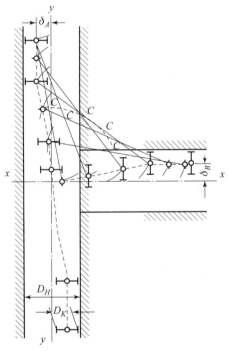

图 10　滑块与导轨的间隙为自由状态时，点 A 与 B 的运动轨迹

实际上，在机构工作时，所有的间隙都会用压力润滑的方式润滑，因此都会有润滑油存在。通过油层，结果作用于点 A 和 B 的力同时作用于导轨，使机构构件产生弹性变形，在所有已知的角度 α，沿两个轴（Ox 和 Oy）的某一边分布。

点 A 和 B 作用于导轨以及曲柄上点 C 的力的大小，取决于机构的动力学特性和各元素的弹性与顺应性。

确定作用于导轨上的负载随曲柄角度的变化关系是研究曲柄－等距固接双连杆机构发动机最困难的任务，导轨上的负载不仅取决于气体的压力和惯性力，同时要考虑机构元件的弹性变形。

发动机运转时产生的反向扭矩通过滑块和曲轴箱导轨直接传递到发动机机架。在这种情况下，气缸不再承受来自活塞的侧向力。

第 2 节　曲柄－等距固接双连杆发动机的结构方案

曲柄－等距固接双连杆发动机有 3 种结构方案。

第一种是曲柄－等距固接双连杆－滑块机构，如图 11（a）所示。该机构通过类似曲轴形状的固接双连杆 $AC-BC'$ 与滑块结合的方案，该方案的主要由带滑块的活塞连接杆 1，导轨，执行自转加公转复杂运动的固接双连杆 $AC-BC'$（2），以角速度 ω 绕轴线 OO' 旋转的曲柄 OC 和 $O'C'$，曲柄 OC 和 $O'C'$ 的动力输出齿轮 3、7，带齿轮 4、6 的同步传递力矩连接轴 5 组成，齿轮 3 与齿轮 4 啮合，齿轮 7 与齿轮 6 啮合。

为保持机构平稳运动，各零件的尺寸公差要在规定的范围，零件尺寸有如下特征：$AC=BC=OC=O'C'=r=S/4$，其中 S 为活塞行程。

对气缸夹角 $\gamma=90°$ 的四缸发动机，固接双连杆 $AC-BC'$ 有两个导向滑块，两端分别与两个曲柄连接，其形状如同曲柄连杆机构发动机的曲轴，因此也称为固接双连杆轴，但与曲柄连杆机构发动机的曲轴相比，固接双连杆轴的曲柄半径只有曲柄连杆机构发动机曲轴的一半，而且具有完善的运动学和动力学特性。

固接双连杆轴的轴颈 A 和 B，如同曲柄连杆发动机曲轴的连杆轴颈，与活塞连接杆 1 的中部用轴承连接。轴颈 A 和 B（也叫连接杆轴颈）与曲柄轴颈 C 布置在同一平面，彼此相对；当 $\gamma \neq 90°$ 时，连接杆轴颈 A 和 B 与曲柄轴颈 C 布置在夹角为 $\beta=2\gamma$ 的两个平面上，如图 6 所示。

固接双连杆轴的连接杆轴颈与对应的活塞连接杆一起沿各自的气缸中心线作往复直线运动，同时，固接双连杆轴以 $\omega_C = -\omega$ 的角速度绕自己的轴心自转。

固接双连杆轴的连接杆轴颈 A 和 B 在连接杆孔内的相对角速度为 ω。

固接双连杆轴的两端为支撑轴颈 C 和 C'，如同曲柄连杆发动机曲轴两端的主轴颈，安装在前、后曲柄 OC 和 $O'C'$ 对应位置 C 和 C' 的轴承内，CC' 绕轴 OO' 旋转。同时固接双连杆轴两端的支撑轴颈 C 和 C' 相对于曲柄 OC 和 $O'C'$ 的轴线 CC' 以 ω_C 的角速度自转，完成圆周运动。曲柄 OC 和 $O'C'$ 以这样的方式旋转，并可输出有效转矩。

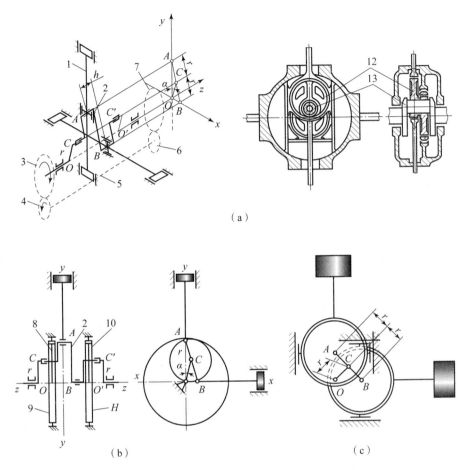

图 11　曲柄-等距固接双连杆发动机的结构方案

曲柄 OC 和 $O'C'$ 以角速度 ω 绕轴线 OO' 旋转，固接双连杆轴一方面随轴线 CC' 以角速度 ω 公转，又以 $\omega_c = -\omega$ 的角速度绕自己的轴心 CC' 自转。固接双连杆轴两端的支撑轴颈相对于曲柄的角速度为 2ω，固接双连杆轴 2 本身不直接对外输出有效转矩。

固接双连杆轴的连接杆轴颈中心与支撑轴颈中心之间轴心距很小，等于 1/4 活塞行程，因此传递发动机扭矩的固接双连杆轴 2 不仅可以减小机构设计要考虑的尺寸和质量，对多缸排发动机来讲，还有利于设计整体轴 2 和活塞杆，从而大大简化设计，并改善发动机的可靠性。

在固接双连杆轴的支撑轴颈驱动的曲柄 OC 和 $O'C'$ 之间采用同步连接轴 5，由齿轮 4、3、6、7 连接曲柄 OC 和 $O'C'$，以防止曲柄 OC 和 $O'C'$ 错位。

发动机运行期间，两个曲柄的负载不断变化且不相等，同步连接轴保证锁定曲柄 OC 和 $O'C'$ 的相对位置，保证它们旋转的同步性和轴承 C 和 C' 的同轴性、两个支撑轴颈的同轴性。

同时，同步连接轴 5 把固接双连杆轴的扭矩传递到直接输出发动机扭矩的曲柄 OC 或 $O'C'$，并以这种方式部分承担固接双连杆轴的载荷。

第二种是曲柄－等距固接双连杆－内齿轮机构，如图 11（b）所示，该机构是没有同步连接轴的曲柄固接双连杆机构。

在这个机构中，固接双连杆轴的支撑轴颈部 C 和 C' 分别安装在圆柱齿轮 8 和 10 的中心，齿轮 8 和 10 的节圆半径为 r，等于所述活塞的冲程的 1/4。在曲轴箱上布置有两个与齿轮 8 和 10 啮合的内齿轮 9 和 11，内齿轮节圆半径为 $2r$，两个内齿轮的中心正好与曲柄转动轴 OO' 重合。

发动机运行期间，齿轮 8 和 10 与相应的固定内齿轮 9 和 11 啮合来实现曲柄位置的相对固定和旋转同步。

当发动机工作时，齿轮 8 和 10 在直径大 2 倍的固定中心圆柱内齿轮内无滑动地滚动。在这种情况下（参见图 3），固接双连杆轴的连接杆轴颈中心点 A 和 B 位于移动齿轮的节圆上（这样 $AC = r = BC$），与作往复直线运动的活塞－连接杆一起直线运动，直线分别通过点 A 或点 B 和固定内齿轮中心 O。

在这种机构中，滑块与导向轨就不需要了，发动机的反向转矩通过齿轮 8、9 和 10、11 传递到曲轴箱，绕过了气缸－活塞组。

该方式可动齿轮分度圆上点的轨迹与固接双连杆轴的连接杆轴颈的轨迹跟带滑块和导轨的连接杆轴颈的轨迹可用同样的公式描述。

图 12 所示为没有同步连接轴、滑块与导轨的曲柄－等距固接双连杆－内齿轮发动机结构方案。

从图 11（b）和图 12 可以看出，对使用这些机构的发动机，假设所有的机构元件和机体是纯刚性的，理论上，在活塞运动副的接触面上完全没有侧向力，所以它的机械效率应能达到最大值。

然而，尽管这个方案有这些优点，但它在真的发动机上应用时出现了许多困难。

由图 12 可见，曲轴要传递发动机的全部扭矩，又缺少滑块和导轨之类的中间支撑件，曲轴中间不连续，是沿长度方向具有不同弹性的梁，受到弯矩的作用增加。

由于机构元件的弹性变形以及运动副中不可避免的间隙、齿轮 8 与 9 和 10 与 11 的啮合间隙的存在，如果要求发动机的高速性能和机构元件轻量化，则保持正常工作时各轴承和轴颈必需的同轴度问题变得很复杂。

由于存在这些不利的情况，要求在获得单位功率的燃气压力、运动件的惯性力、机构降低载荷与运动副间摩擦之间寻求最佳平衡。

此外，没有了滑块、导轨，缸体中的活塞－连接杆的同心度受到干扰，连接杆轴承与轴颈出现摩擦力，活塞与气缸壁也会出现侧向力和摩擦力。

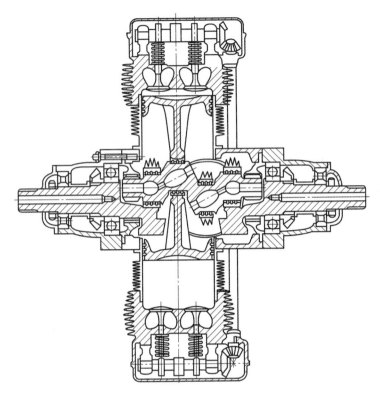

图12 没有同步连接轴、滑块与导轨的曲柄－等距固接双连杆－内齿轮发动机结构方案

发动机满扭矩时曲轴的承载能力、齿轮8与10［图11（b）和12］的分度圆半径 r 的初始限制，即 r 必须等于活塞冲程的1/4，使研制多缸大功率短行程发动机变得很复杂。由于这些条件的限制，按强度设计的曲轴齿轮与支撑轴承的直径比与之连接的齿轮8与10的直径要大很多。此外，在双向作用的发动机中，难以实现冷却油对所有活塞的平行供油，不能使之具有一样的冷却条件，活塞环与气缸壁的润滑也是这样。还有，难以安排冷却活塞后被加热的机油自主流出的活塞油道，以便机油不会落入机构的轴承。

由于这些原因，曲柄－等距固接双连杆－内齿轮机构与曲柄－等距固接双连杆－滑块机构相比，使用与实现的空间缩小了，因为活塞的行程与其直径的比值、最大功率、最高速度、气缸数量都受限。此外，发动机的总体尺寸指标和发动机寿命也降低了。

图11（c）所示为第三种方案，称为曲柄－等距固接双连杆－双偏心轮方案，其主要由等距固接双连杆构件 ACB 与一对偏心轮12构建，在形状上杆 OC 具有如曲轴13的形式，在运动学和载荷上类似于传统曲柄连杆发动机的曲轴，但曲柄半径为其1/2。

应用偏心机构能显著减小发动机的纵向尺寸，可采用整体的曲轴设计来保证正常工作时曲轴 13 和偏心轮 12 轴颈的同轴度，并且不需要使用同步连接轴 [图 11（a）] 或内齿轮 [图 11（b）] 机构。

然而，如果采用双偏心轮方案，与第一 [图 11（a）] 和第二种 [图 11（b）] 方案比，当活塞行程一定时，活塞连接杆轴承直径显著增加，轴承摩擦表面的滑动速度增加，活塞连接杆的轴承直径与长度比值增加，所以双偏心轮机构方案只可在短行程、低功率的发动机上最有效地应用。

还应该考虑到，在后两个机构方案中，曲轴承受与传递发动机的全部转矩，并像传统曲柄连杆机构发动机的曲轴一样受到扭转振动。

研究表明，上述设计方案都可用于制造发动机。对于中、高功率发动机，在结构与工艺、动力性、质量和运行指标等方面，包括可靠性和使用寿命，最可取的方案为曲柄 – 等距固接双连杆 – 滑块机构。在研发和制造全尺寸发动机时证实了这一观点。所有绘制并成功通过试验的曲柄 – 等距固接双连杆 – 滑块机构发动机都具有足够的强度。

第 3 节　缸内单向和双向作用的曲柄 – 等距固接双连杆 – 滑块机构发动机的特点

与传统曲柄连杆机构发动机相比，曲柄 – 等距固接双连杆 – 滑块机构发动机具有许多显著的优点。

没有了连杆，只有作往复直线运动的活塞与连接杆，使曲轴箱尺寸可以减小，并使气缸体与曲柄中心轴可以靠得更近，从而最大限度地减小发动机的横向尺寸。

图 13 中阴影部分为发动机的工作容积区域，从图 13 中可以看出，与传统曲柄连杆机构发动机相比，通过使用曲柄 – 等距固接双连杆机构，可以使气缸工作容积更靠近发动机输出轴的中心。

图 14 所示是一台最大功率为 80.85 kW 的五缸星型曲柄连杆机构发动机 M – 11 和一台功率为 102.9 kW 的四缸曲柄 – 等距固接双连杆机构发动机 OMB 的横剖面，二者比例相同，两台发动机都是缸内单向工作的四冲程发动机，都有相同系列的气缸、活塞直径及活塞行程。仅因曲轴箱尺寸减小，与发动机 M – 11 相比，曲柄 – 等距固接双连杆机构发动机的横向外廓尺寸约减小至 M – 11 的 1/2。

由于曲柄 – 等距固接双连杆机构的运动与结构特点，其可以在气缸中实现活塞的双向工作，使气缸工作容积的利用率增加近 1 倍。

图 15 所示是双作用发动机的运动机构及布置方案，其高速性能与传统的单作用发动机相同，但发动机的功率几乎增加到 2 倍，而整体尺寸的增加不大。因此，所有用于航空的大功率及超大功率曲柄 – 等距固接双连杆机构发动机都采用

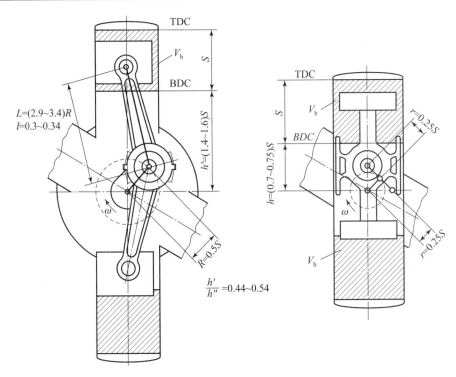

图 13　传统曲柄连杆机构发动机与曲柄－等距固接双连杆机构发动机的输出轴中心与气缸的距离比较

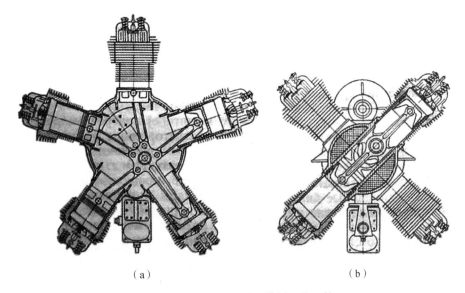

图 14　两类四冲程发动机横剖面的比较

（a）五缸星型曲轴连杆机构发动机 M－11；（b）四缸曲柄－等距固接双连杆机构发动机 OMB

缸内双向工作方式。例如，二十四缸双作用发动机的设计最大功率在 2 600 r/min 时为 7 350 kW，其气缸直径为 160 mm，活塞行程为 170 mm。众所周知，当活塞直径与行程这样大时，使用曲柄连杆机构方案的发动机是不允许以这么高的转速产生这样大的功率的。

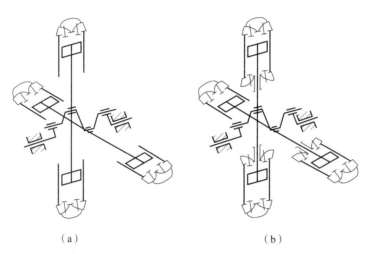

图 15　曲柄 - 等距固接双连杆机构发动机结构方案
(a) 单向工作；(b) 双向工作

为了在曲柄连杆机构发动机气缸中实现双向工作，必要设置活塞杆与带滑块的十字头［见图 16（b）］，这样会导致曲柄连杆机构发动机的往复运动件的尺寸和质量显著增加，并显著减少其高速性。现有的双向工作曲柄连杆机构发动机与单向工作高速发动机相比，不仅不增加升功率，还使比空间与比质量减小。

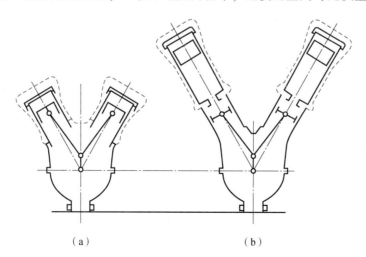

图 16　传统曲柄连杆机构发动机的基本布局
(a) 单作用；(b) 双作用

具有十字头滑块的大型和重型双作用曲柄连杆发动机的主要优点是气缸壁没有活塞的侧压力,这减少了摩擦损失和燃料消耗,延长了使用寿命。曲柄－等距固接双连杆机构发动机也有这些性质,正是由于具有这些性质和相关的优势,曲柄－等距固接双连杆机构发动机具有更小的体积、质量和更好的高速性能。

图 17 所示为两类不同双作用发动机的升功率比较。

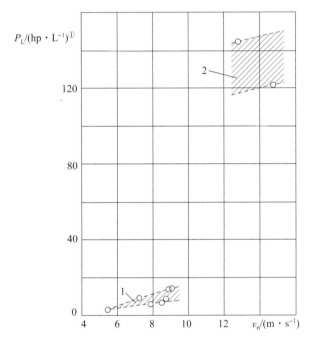

图 17　曲柄连杆机构发动机与双作用曲柄－等距固接双连杆机构发动机的升功率比较
1—曲柄连杆机构发动机 OM－127PH；2—曲柄－等距固接双连杆机构发动机 M－127K

图 18 所示为双作用曲柄连杆机构发动机与曲柄－等距固接双连杆机构发动机外廓截面的比较（同一比例）。分两种条件比较,一种条件是在允许的强化条件下两者达到相同的功率,图 18（a）所示为双作用曲柄连杆机构发动机的外廓截面,图 18（b）所示为与图 18（a）所示发动机有相同功率的曲柄－等距固接双连杆机构发动机的外廓截面。另一种条件是两者具有相同活塞直径与行程,图 18（c）所示为与图 18（a）所示发动机有相同缸径和活塞行程的曲柄－等距固接双连杆机构发动机的外廓截面。

曲柄－等距固接双连杆机构发动机（图 14 和图 15）的对置气缸中,燃气的压力作用在活塞－连接杆组件的两个活塞对末端,等距固接双连杆的连接杆轴颈只传递出它们的差值。由于这两个活塞共用一根连接杆和滑块,两个活塞与连接

---

① 1 马力（hp）≈735 瓦特（W）,该单位现已不用。后文中亦有使用,不再赘述。

杆及滑块如一个整体,在接近活塞的死点位置时,其总的惯性力总是与活塞上燃气压力方向相反,因而显著降低了合力 P_Σ 对机构各环节的负荷。

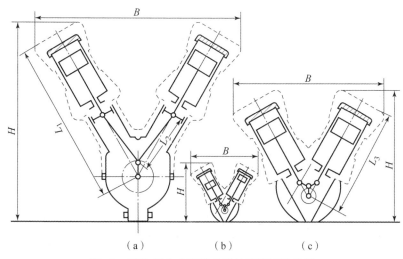

图 18　双作用大功率发动机外廓截面的比较

(a) 曲柄连杆机构发动机;(b) 与 (a) 具有相同功率的曲柄 – 等距固接双连杆机构发动机;
(c) 与 (a) 具有相同缸径和活塞行程的曲柄 – 等距固接双连杆机构发动机

所以,曲柄 – 等距固接双连杆机构发动机运动副的负载比曲柄连杆机构发动机的更小,相应地也使其摩擦损失更小。

特别是在缸内双作用的二冲程曲柄 – 等距固接双连杆机构发动机中,实现了燃气压力与惯性力的合力的最佳组合,使受力机构的运动副载荷最小。

还应注意的是,在双作用曲柄 – 等距固接双连杆机构发动机或二冲程机构运动副工作中,如果增压压力和最大循环压力保持不变,则当排气背压增加时,机构运动副也会被减少部分负载。

图 19 所示为当保证燃气压力和运动质量惯性力的最佳组合时,高速二冲程曲柄 – 等距固接双连杆机构发动机作用于气缸轴线方向的气体作用力、惯性力及合力随曲轴转角的变化及比例关系,横坐标为曲轴转角。

作用在曲柄连杆机构发动机连杆轴承上的合力与施加在曲柄 – 等距固接双连杆机构

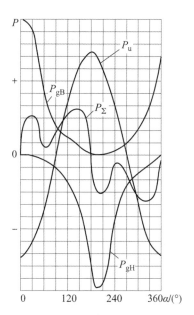

图 19　高速二冲程曲柄 – 等距固接双连杆机构发动机各力的比例

P_{gB},P_{gH}—活塞上部与下部的气体压力;
P_u—运动质量惯性力;P_Σ—合力

双作用发动机 OM – 127PH 连接杆轴承上的合力 $P_\Sigma = \sum P_g + P_u$,当折算成单位有效功率的合力时,其随曲轴转角 α 的变化关系如图 20 所示。通过力的研究可以看出,平均合力 $P_{\Sigma cp}$ 是确定机构运动副的摩擦与轴承磨损的主要因素,曲柄 – 等距固接双连杆机构发动机的 $P_{\Sigma 3cp}$ 比曲柄连杆机构发动机的 $P_{\Sigma 1cp}$ 和 $P_{\Sigma 2cp}$ 小 1.6 ~ 1.8 倍。切向力 T 是做有效功的,径向力 Z 是不做有效功的,只加大机构的负载和运动副摩擦。曲柄 – 等距固接双连杆机构发动机保证 T 与 Z 的比例更有利于做有效功。

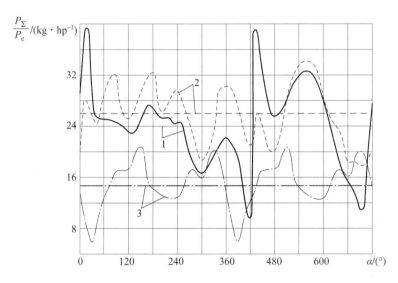

图 20　双缸机单位功率作用于轴承的合力

1—转速为 2 050 r/min、功率为 883 kW 的 V 形发动机 AM – 35 连杆轴承;
2—转速为 2 050 r/min、功率为 808.5 kW 的 V 形发动机 C – 15 连杆轴承;
3—转速为 2 800 r/min、功率为 2 352 kW 的曲柄 – 等距固接双连杆机构双作用发动机 AM – 35 齿轮轴承

图 21 所示为单位功率径向力 Z 的值的比较,曲柄连杆发动机的单位功率径向力比曲柄 – 等距固接双连杆机构发动机的大 3 ~ 3.6 倍。

此外,滑块与导轨摩擦温度明显降低,其摩擦力也明显低于活塞与气缸壁的。在所有工况下,曲柄 – 等距固接双连杆机构发动机的活塞与气缸壁又均能保证液体摩擦。

曲柄 – 等距固接双连杆机构发动机与曲柄连杆机构发动机相比,表征发动机机械效率的综合值 $\dfrac{N_{cp}\mu u_{cp}}{N_i}$ 小,将滑块和活塞相关参数代入公式,可知运动副摩擦损失相对较少。其中,N_{cp} 为一个循环内做有效功的力 N 的平均值;μ 为摩擦系数;u_{cp} 为活塞平均速度;N_i 为发动机指示功率。

在曲柄 – 等距固接双连杆机构发动机中,连接杆轴承不仅单位功率载荷较

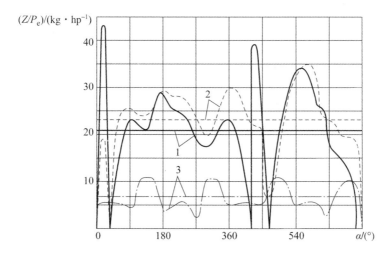

图21 按单位功率折算后,作用于曲柄中心方向不做功的力 Z
1—V形曲柄连杆机构发动机 AM-35;2—直列曲柄连杆机构发动机 C-15;
3—曲柄-等距固接双连杆机构发动机 OM-127PH

小,而且在整个工作表面上加载更均匀。轴承有两个减压区,润滑油通过该区域从连接杆供到难以到达的摩擦表面。所有这一切确保了受力机构运动副中的液体摩擦,从而使磨损更小,轴承使用寿命更长,还能防止轴承的局部过热。

曲柄-等距固接双连杆机构发动机由于机构中摩擦副少,负载小,活塞与气缸壁几乎没有摩擦力,并保证所有旋转和运动副间实现液体摩擦,因此与类似的曲柄连杆发动机相比,摩擦功率损失减少为原来的 1/4~1/2,在相应轴承上使用相同的减摩材料时,具有更高的机械效率。

例如,在相同大气状态条件和相同燃料的情况下,传统曲柄连杆机构发动机 M-11 和四缸曲柄-等距固接双连杆机构柴油发动机进行的比较试验(参见图14)表明,发动机 M-11 的标称转速为 1 580 r/min 时,机械效率 $\eta_M = 0.845$,对于这一转速下的曲柄-等距固接双连杆机构发动机机,机械效率 $\eta_M = 0.932$,因此,M-11 发动机的摩擦功率损耗比曲柄-等距固接双连杆机构发动机大 2.28 倍。

详细计算方法是 $(1-0.932)/(1-0.845) = 2.2794 \approx 2.28$。

这一事实说明,和相同类别的曲柄连杆机构发动机相比,曲柄-等距固接双连杆机构发动机在测试过程中升功率更高,有效燃料消耗率更低,使用寿命长几倍。

在八缸双作用曲柄-等距固接双连杆机构发动机中,强制用润滑油循环润滑滑块、导轨和铅青铜合金轴承,滑块、导轨用铅涂覆摩擦表面。当 $n = 2\ 650$ r/min 时,摩擦损失只占指示功率的 6%,传统的曲柄连杆发动机比它大 3~4 倍。这意味着：采用曲柄－等距固接双连杆机构方案，每10万kW的指示功率可额外增加1万~1.5万kW的有效功率，而不需要花费更多的金属和燃料。

对于曲柄－等距固接双连杆机构发动机，需要的水、机油为传统的曲柄连杆发动机的1/3~2/5，空气散热器约为其2/3，因此相应地降低了冷却发动机的风扇所需消耗的功率。

因此，曲柄－等距固接双连杆机构发动机高的机械效率为发动机提高其高速性能及功率、比体积与比质量指标开辟了广阔前景，图22说明了这一点。图中列出了归一化指标功率 $\overline{P}_i = \dfrac{P_i}{P_{i0}}$ 和归一化有效功率 $\overline{P}_e = \dfrac{P_e}{P_{e0}}$，随活塞平均速度 v_n 的变化关系，平均指示压力保持恒定，机械损失功率 P_M 正比于活塞平均速度的平方，$P_M = P_{M0}\left(\dfrac{v_n}{v_{n0}}\right)^2$。

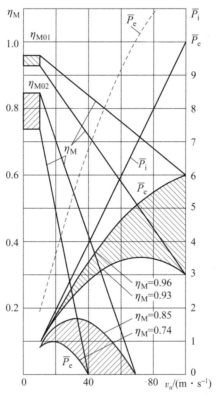

图22　曲柄连杆机构发动机与曲柄－等距固接双连杆机构发动机有效功率随发动机活塞平均速度的变化关系比较（虚线为双作用曲柄－等距固接双连杆机构发动机的有效功率）

发动机的机械效率按下述公式计算：

$$\eta_\text{M} = 1 - \frac{v_\text{n}}{v_\text{n0}}(1 - \eta_\text{M0})$$

下标为"0"的参数表示平均速度为 $v_\text{n0} = 10$ m/s 所对应的值。

当两种发动机在相同初速下有相同的指示功率时,归一化指示功率等于 $\overline{P_\text{i0}}$,则 $\overline{P_\text{i}} = 1$,如果两种不同发动机的原始速度 $v_\text{n0} = 10$ m/s,在实现的发动机中机械效率值达到的水平不同。

曲柄连杆机构发动机的机械效率 $\eta_\text{M02} = 0.74 \sim 0.85$,曲柄 – 等距固接双连杆机构发动机的 $\eta_\text{M01} = 0.93 \sim 0.96$。

图线表明,在曲柄连杆发动机中,摩擦损失功率较大,活塞速度在中速工作、比曲柄 – 等距固接双连杆机构发动机转速低时,有效功率就不再增加。曲柄 – 等距固接双连杆机构发动机实际的高速性好,其高速性不受高速时摩擦损失的限制。

在这种方式下,曲柄 – 等距固接双连杆机构发动机比同级别的现代高速曲柄连杆机构发动机可以获得更大的功率。

因此,曲柄 – 等距固接双连杆机构发动机得以认可的优点有:可以实现缸内双作用工作,而且发动机外廓尺寸小,转速高,单位功率下机构负荷小,在最高的循环压力下,双作用气缸中燃气泄漏到曲轴箱的可能性低,可以制造高效的曲柄 – 等距固接双连杆机构活塞 – 燃气发生器及联合发动机,这特别有利于运输汽车所需要的牵引特性。

双作用曲柄 – 等距固接双连杆机构摩托燃气发生器发动机在怠速时,运动副及受力机构零部件负载和磨损最小,工作寿命长,燃气发生器机械效率高。

图 23 所示为涡轮 – 活塞复合式曲柄 – 等距固接双连杆机构发动机方案,它由一个四行程双作用曲柄 – 等距固接双连杆机构摩托燃气发生器产生高温高压的燃气,并在燃气涡轮工作时,在发动机输出轴产生转矩。

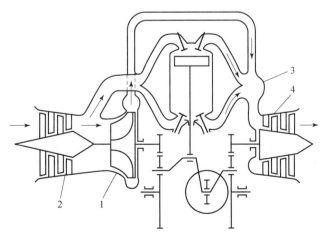

图 23 涡轮 – 活塞复合式曲柄 – 等距固接双连杆机构发动机方案

为了获得燃烧完全的燃气，从气缸中出来的、在允许温度范围的高温工质进入涡轮4，在方案中使用离心式压气机1作为轴向压气机2的出口，向系统提供压缩空气，并输送空气到混合室3。

在某些情况下，根据复合式发动机不同的要求和使用条件，可以利用特殊泵供给水或过氧化氢来代替压缩空气进入混合室3。

第二章 曲柄－等距固接双连杆机构发动机的基本参数和结构

第1节 58.8~1 202.9 kW 四缸发动机 ОМБ

ОМБ 发动机是第一台曲柄－等距固接双连杆机构内燃机。

为检验在实际负荷下，曲柄－等距固接双连杆机构方案的基本结构的合理性和运动学特性，以及在发动机中曲柄－等距固接双连杆机构受力机构的工作适应性，设计制造了 ОМБ 发动机，如图 24 所示。

为了得到一个客观的比较评估，ОМБ 曲柄－等距固接双连杆机构发动机设计基于系列化生产的曲柄连杆机构发动机 М－11А。

在 ОМБ 发动机中新的成员是曲柄－等距固接双连杆机构和改变了结构的曲轴箱。ОМБ 发动机的其余部分和组件包括气缸、活塞、配气机构、机油泵、化油器等是 М－11А 发动机的系列生产的产品。

ОМБ 发动机的机体和曲柄－等距固接双连杆机构由与 М－11А 发动机机体与曲柄连杆机构相同的材料制造，具有相同的设计和良好的技术水平。图 25 所示为 ОМБ 发动机的纵剖面。

图 24 ОМБ 发动机

该发动机包括 4 个独立的基本组件：前部、中部、后盖和气缸套（图 26）。

在 ОМБ 发动机的前部布置向负载输出发动机功率的曲柄－等距固接双连杆机构曲柄、推－挺－摇凸轮配气机构及齿轮；后盖上布置有曲柄－等距固接双连杆机构的另一个曲柄、机油泵、化油器、两台磁电机和板式机油滤清器；中部布置有等距固接双连杆轴、活塞及连接杆、带齿轮的同步连接轴。

ОМБ 发动机的所有部件通过螺栓连接在一起。

ОМБ 发动机的曲柄－等距固接双连杆机构如图 27 所示。它由两个活塞连接杆 3、等距固接双连杆轴 2、前曲柄 1 以及后曲柄 4 组成。每个活塞连接杆通过

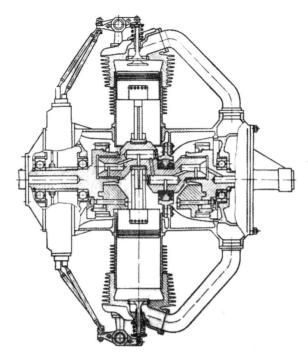

图 25　OMБ 发动机的纵剖面

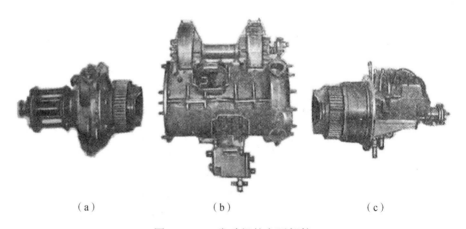

(a)　　　　　　　　(b)　　　　　　　　(c)

图 26　OMБ 发动机的主要部件
(a) 前部；(b) 中部；(c) 后盖

活塞销连接两个活塞，活塞来自系列化生产的 M-11 发动机。前曲柄 1 承担转矩输出，活塞杆与等距固接双连杆轴如图 28 所示。

在曲轴箱中段、两个曲柄轴心连线的上方布置有同步连接轴，同步连接轴上的两个齿轮分别与两个曲柄上的齿轮啮合，把两个曲柄连接起来（图 29）。

第二章 曲柄-等距固接双连杆机构发动机的基本参数和结构

图 27 ОМБ 发动机中组合在一起的曲柄-等距固接双连杆机构（无同步连接轴）

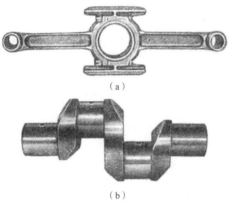

（a）

（b）

图 28 ОМБ 发动机活塞连接杆和等距固接双连杆轴
（连接杆轴颈和支撑轴颈中心之间的距离为 35 mm）
（a）活塞连接杆；（b）等距固接双连杆轴

图 29 带同步连接轴的发动机 ОМБ 曲轴箱的中段

从图 28 中可以看出，ОМБ 发动机连接杆的设计像曲柄连杆机构的连杆样式，通过螺栓连接两个部分，连接杆截面为"工"字形。

曲柄-等距固接双连杆机构与曲柄连杆机构比较，其突出的不同是：活塞与活塞连接杆简单，活塞连接杆的制造不需要分解拆卸，更简单，质量更小，活塞连接杆也可加工成截面为管状的杆，因为在曲柄旋转平面和与其垂直的平面上，活塞连接杆的受力与变形是一样的。

配气机构包括：用花键安装在前端曲柄的主动齿轮，4 个带凸轮的被动配气齿轮，一个类似 M-11A 发动机的联轴器，4 套带推杆的导向挺柱、滚轮及中心轴（与 M-11A 发动机相同）。

ОМБ 发动机气门间隙调整工艺与 M-11A 发动机相同。

气缸在两个平行平面上成对布置，推杆、挺柱和摇臂与系列生产的零件仅在形状和尺寸上不同，组装的顺序、气缸的紧固、摇臂的比例和气门的升程均与 M-11A 发动机相同。

气门间隙在摇臂和气门之间的间隙最大时测量，进气门的气门间隙为 0.1 mm，排气门的气门间隙为 0.15 mm。

由安装在后盖上的齿轮泵提供润滑油。润滑油通过机油滤清器进入后曲柄的末端。

需要在 3 处检查润滑油道压力：①机油滤清器前；②机油滤清器后，润滑油进入后曲柄之前；③在主油道末端、滑动轴承之后。润滑油从前曲柄轴承中心孔的末端进入压力表。

主油道从起点到结束时的压降[①]为 0.2~0.4 kg/cm^2。

螺旋桨套管是系列化产品，和 M-11A 发动机的一样，用键连接在前曲柄的锥体上。

曲轴箱支撑气缸套，气缸套直径、活塞行程与 M-11A 发动机的相同，ОМБ 发动机的横截面面积为 0.490 m^2（M-11A 发动机的横截面面积为 0.908 m^2）。

气缸-活塞组和曲柄-等距固接双连杆机构发动机 ОМБ 配合部件的公称尺寸、公差和配合间隙详见表 1。

表1　曲柄-等距固接双连杆机构发动机 ОМБ 配合部件的公称尺寸、公差和配合间隙　　　　　　　　　　mm

名称	公称尺寸	公差	配合间隙
气缸直径 活塞直径	125.0	+0.040	

[①] 力的国际单位是牛顿，千克力的单位现已不用。1 千克力≈9.8 牛顿。后文中亦有使用，不再赘述。

续表

名称	公称尺寸	公差	配合间隙
上部	124.43	-0.030	0.570~0.640
下部	124.65	-0.050	0.350~0.440
滑块间距离	125.00	+0.040	0.035~0.090
导轨间宽	125.00	-0.035 -0.050	
连接杆轴承直径	60.00	+0.010 +0.020	
等距固接双连杆轴连接杆轴颈	60.00	-0.037 -0.047	0.047~0.067
等距固接双连杆轴压入曲柄的支撑轴颈（主轴颈）	54.00	+0.020 +0.010	
等距固接双连杆轴中间支撑轴颈（中间主轴颈）	54.00	-0.035 -0.045	0.055~0.075
后盖衬套	32.00	+0.023	0.040~0.093
后端曲柄尾端	32.00	-0.040 -0.070	

在设计模式下 ОМБ 发动机台架试验调试结果：额定输出功率为 60.27 kW，额定转速为 1 600 r/min。

即使在调整测试中，ОМБ 发动机在相同转速下的各参数也好于 M-11A 发动机设计和优化的参数。

图 30 所示为 ОМБ 发动机与 M-11A 发动机使用格罗兹尼汽油与巴库汽油在类似的工况下的螺旋桨特性曲线及有效燃油消耗率变化曲线。从特性比较可以看出，ОМБ 发动机运行工况下的燃料消耗率比 M-11A 发动机低 6%~12%。

当尝试用巴库汽油在 M-11A 发动机测试时，气缸过热并发生强烈的爆震，而 ОМБ 发动机能用这种汽油正常工作。

在所有运行工况下，ОМБ 发动机气缸的测试温度明显低于 M-11A 发动机，ОМБ 发动机经精确测试得到的主要指标见表 2。

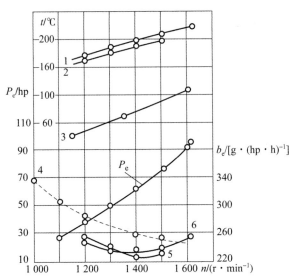

图 30 ОМБ 发动机在大气压力为 748 mmHg、空气温度为 27 ℃ 时
螺旋桨特性与节点处的气缸温度

1—用巴库汽油工作时的气缸温度；2—用格罗兹尼汽油工作时的气缸温度；3—曲轴箱温度；
4—М－11А 发动机燃料消耗率（格罗兹尼汽油）；5—ОМБ 发动机燃油消耗率（格罗兹尼汽油）；
6—ОМБ 发动机燃油消耗率（巴库汽油 Б－70）

表 2 ОМБ 发动机的主要指标

冷却方式	风冷
缸数	4
气缸排列形式	X 形
气缸排列夹角/(°)	90
气缸直径 D/mm	125
活塞行程 S/mm	140
行程缸径比 S/D	1.12
压缩比 ε	5.0
气缸工作容积/L	1,72
发动机排量/L	6,88
螺旋桨转向（从运动方向看）	逆时针
气缸工作顺序（图 31）	1—3—4—2—1
工作行程间间隔角/(°)	180— 270— 180—90（共 720）

续表

冷却方式	风冷
功率/kW	
最大	66.15
额定	61.01
运行	54.39
转速/(r·min^{-1})	
最大功率时	1 620～1 650
额定功率时	1 580～1 600
运行功率时	1 520～1 560
急速（最少供油与延迟点火）	280
升功率/(kW·L^{-1})	8.746 5
燃油	巴库汽油 Б-70 密度 0.735～0.750 kg/L
有效燃油消耗率（不大于）/[g·(kW·h)$^{-1}$]	326.5
化油器型号	K-11A
润滑方式	压力循环润滑
机油	蓖麻油，密度 0.94 kg/L
机油消耗率（不大于）/[g·(kW·h)$^{-1}$]	34.014
主油道压力/(kg·cm^{-2})	不低于3，不大于6.5
机油温度/℃	
进油	35～50
出油	不低于50，不高于110
配气相位/(°)	
进气门开启	上死点前5
进气门关闭	下死点后48
进气持续角	233
排气门开启	下死点前57
排气门关闭	上死后9
排气持续角	246
电机型号	GN8D
点火提前角/(°)	
最大	35
最小	7

续表

冷却方式	风冷
发动机质量/kg	195
长度/m	0.99
发动机横截面面积/m²	0.7×0.7

OMБ 发动机在工厂测试结束后，按大纲进行正式的 50 h 测试。测试程序适用于 M-11A 发动机。试验在带螺旋桨的台架上进行（图 32）。主要操作工况按时间分布如图 33 所示。

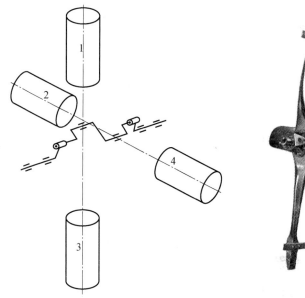

图 31　OMБ 发动机气缸的工作顺序　　　　图 32　试验台上的 OMБ 发动机

OMБ 发动机测试的结果见表 3 和表 4。

在 OMБ 发动机测试期间获得的外特性和螺旋桨特性如图 34 所示。

经过 110 h 8 min 试验的 OMБ 发动机部件的平均磨损情况与运行 50 h 后 M-11A 发动机部件磨损情况见表 5。

曲柄-等距固接双连杆机构、气缸-活塞组和 OMБ 发动机作为一个整体在工作后状况良好。

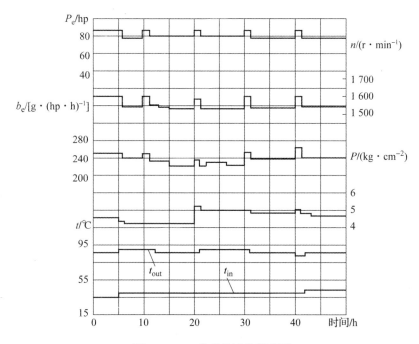

图 33 OMБ 发动机试验规范图

t_{in}，t_{out}—发动机出口与入口处机油温度

表 3 OMБ 发动机在 90% 额定功率下的工作性能参数

参数	时间/h										均值
	4	8	12	16	20	24	28	32	36	40	
转速/(r·min^{-1})	1 545	1 545	1 535	1 538	1 528	1 530	1 540	1 540	1 540	1 540	1 538.1
功率/kW	57.5	57.6	57.6	57.3	58.0	58.4	57.5	57.7	57.6	57.7	57.6
修正功率/kW	58.1	58.4	58.3	57.3	58.0	59.0	57.8	58.4	57.9	58.4	58.2
有效燃油消耗率/[g·(kW·h)$^{-1}$]	319.7	304.8	300.4	302.7	306.8	300.3	324.8	315.6	319.6	317.8	311.3
修正的有效燃油消耗率/[g·(kW·h)$^{-1}$]	307.8	302.0	299.6	302.7	306.8	299.7	324.1	310.9	321.1	312.2	307.3

表4　ОМБ发动机在额定功率下的工作性能参数

参数	时间/h									均值
	4	8	12	16	20	24	28	32	36	40	
转速/(r·min^{-1})	1 600	1 600	1 600	1 600	1 600	1 600	1 600	1 580	1 597	1 600	1 597.7
功率/kW	63.4	63.4	63.4	63.4	63.4	63.5	63.2	63.7	63.4	63.9	63.4
修正功率/kW	63.4	63.4	63.4	63.4	63.4	63.7	63.7	63.7	64.1	64.3	63.7
有效燃油消耗率/[g·(kW·h)$^{-1}$]	329.3	329.3	329.3	329.3	329.3	330.6	330.6	323.8	345.6	344.2	333.5
修正的有效燃油消耗率/[g·(kW·h)$^{-1}$]	329.3	329.3	329.3	329.3	329.3	326.5	329.3	323.8	329.3	360.5	331.6

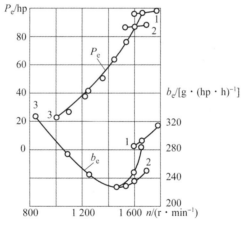

图34　ОМБ发动机测试期间获得的外特性与螺旋桨特性
1—飞行工况外特性；2—正常工况外特性；3—螺旋桨工况

在活塞整个圆周上没有出现磨损迹象，滑块衬板的合金层留有可见的、良好的磨痕。

图35所示为工作125 h17 min后的ОМБ发动机的活塞，其表面上完全保留了加工痕迹。图36所示为曲柄连杆发动机运行25 h后的活塞，显示有明显的磨损迹象。

在所有工况下，当具有相同压缩比和在更差气缸吹风冷却条件下，ОМБ发动机与M－11发动机相比，气缸温度较低，爆震倾向低，而发动机的横向尺寸几乎减小了1/2。

图35 工作 125 h17 min 的 ОМБ 发动机的活塞

ОМБ 发动机试验证实了曲柄 – 等距固接双连杆机构工作的可靠性，与曲柄连杆发动机相比，ОМБ 发动机具有许多原理上的优势。

这些测试还显示，曲柄 – 等距固接双连杆机构发动机可以提高转速和功率来显著地提高加速性，并能使用比现有的曲柄连杆发动机更低品质的燃料工作。

表5 ОМБ 发动机与 M – 11A 发动机部件磨损比较

零件名称	磨损量/μm	
	ОМБ（工作 110 h8 min）	M – 11A（工作 50 h）
气缸套	5.0（没有椭圆加工的气缸）	15（椭圆加工的气缸）
活塞	0.0	20 ~ 25（含椭圆变形）
轴承（浇注巴比合金 Б83）	6.0（连接杆瓦）	15 ~ 20（主连杆瓦）
曲轴	3.0（连接杆轴颈）	6 ~ 10（连接杆轴颈）
主轴瓦（浇注巴比合金 Б83）	4.0	—
曲轴端头轴径	3.0	—
滑块垫板（浇注巴比合金 Б83）	8.0	—
曲轴箱导槽	3.0	—

使用车用汽油的 ОМБ 发动机测试，通过了转速和功率的强化。在完成测试程序以确保设计数据后，ОМБ 发动机用低品质燃油在强化模式下进行测试。各级汽油试验表明，采用车用汽油时，气缸温度显著下降。

为了确保气缸热力过程的正常进行，使用了特殊的导流板（图37）。

图36 工作25 h的曲柄连杆机构发动机的活塞　　图37 带导流板的 OMБ 发动机气缸

在大气压为739 mm 汞柱、大气温度为11.5 ℃下，使用二级汽车用汽油的 OMБ 发动机的测试结果如图38 所示，包括螺旋桨特性、有效燃油消耗率、气缸和曲轴箱的温度变化曲线。图中还给出了功率接近的曲柄连杆机构发动机 M-11 航空发动机和 M-1 汽车发动机的特性。

以强化模式对 OMБ 发动机作进一步测试，发动机转速和功率明显增加。

在 OMБ 发动机的强化过程中，扩大了进气管道，化油器被重新调整，并且使用了具有较大气门截面的新气缸盖。开发了功率达 4 140 hp 的 OMБ 发动机，功率达设计能力的 1.5 倍。

在强化模式下正式测试期间 OMБ 发动机的螺旋桨特性如图39 所示。在各种运行和强化模式（最大设计能力的 0.1~1.75 倍）下，以及运行时间从 30 min 至 10 h 的各种连续运行时间下，使用格罗兹尼汽油和巴库航空汽油，以及汽车汽油的 OMБ 发动机试验，获得了发动机的经济性和运行性能的详细数据。

第一台曲柄-等距固接双连杆机构发动机使用了 M-11A 发动机系列化生产的零部件，包括：活塞、气缸、活塞环、主轴承等。其在没有更换和修理活塞、轴承和曲柄-等距固接双连杆机构零部件的情况下工作了 1 843 h，这比具有功率相似的 M-11A 曲柄连杆机构发动机的寿命（两个大修期间的时间）长 46 倍，是 M-11A 发动机的全部使用寿命的 5~11 倍，其间 M-11A 发动机进行两次缸套抛光维修，更换了活塞和轴承。

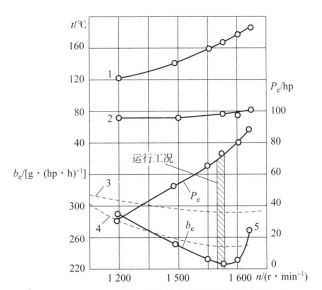

图 38 ОМБ 发动机螺旋桨特性与节点温度

1—第一气缸盖温度；2—曲轴箱温度；3—М−1 发动机有效燃油消耗率（车用二级汽油）；

4—М−11 发动机有效燃油消耗率（格罗兹尼航空汽油）；

5—ОМБ 发动机有效燃油消耗率（车用二级汽油）。

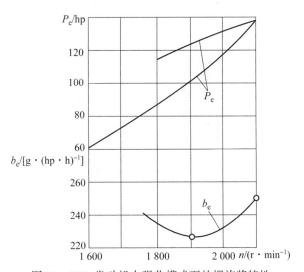

图 39 ОМБ 发动机在强化模式下的螺旋桨特性

然而，ОМБ 发动机即使经过这么长时间的运行，零件的磨损和曲柄−等距固接双连杆机构主要环节的间隙仍小于报废标准，整体上仍然具有工作能力。

在曲柄−等距固接双连杆机构发动机中，活塞与气缸没有强力接触，活塞裙部不可能出现通常在曲柄连杆机构发动机中出现的椭圆变形，消除了压缩压力下降、机油消耗高、冒烟、功率下降等缺点，经济性和起动性指标好，ОМБ 发动机还可使用 M-11A 发动机的活塞、活塞环和气缸套。在工作中比在曲柄连杆发动机 M-11A 中的这些部件的使用期长数十倍。

使用曲柄-等距固接双连杆机构，气缸-活塞组不再是限制发动机的可靠性和寿命的关键。

ОМБ 发动机具有以下被认可的品质特点：开发过程中计算参数的获得快速，运行效率高，机械效率相对较高，经济性好，进一步强化的可能性高，通过研制试车实验，充分证实了可实现低功率与高功率单作用及双作用曲柄-等距固接双连杆机构发动机。在这方面，这些发动机的调试和测试本章省略，在后续介绍。

第 2 节　102.9~294.0 kW 曲柄-等距固接双连杆机构单作用发动机的研制

功率为 102.9 kW 的发动机 МБ-4 是一种四缸四冲程航空汽油发动机，冷却方式为风冷，如图 40 所示。

图 40　МБ-4 发动机

在这款发动机中，气缸、配气机构和进气系统得到了改进，以确保发动机可进一步强化。

曲柄-等距固接双连杆机构发动机 МБ-4 的设计输出功率高达 367.5 kW。

除了安装在传统曲柄连杆发动机上的通常部件外，МБ-4 发动机安装了 AK-50 压气机、ГС-350 发电机、螺杆转速调节器、机油滤清器，还提供了用于自动起动发动机的压缩空气分配器及备用的驱动。

发动机轴的前室内有润滑油道，外部铣有花键，用于安装可变距螺旋桨。

МБ-4发动机虽然安装了大量的附加装置，但非常紧凑，与同样活塞行程、活塞直径的曲柄连杆机构发动机 M-11 和 МГ-21 相比，外廓尺寸小 1/2，在各种工况下经济性更好。

МБ-4发动机通过位于曲轴箱中部的 4 个销钉定位到下部箱体，由操纵面板控制用压缩空气起动发动机。

МБ-4发动机（图41 和图42）也是曲柄-等距固接双连杆机构发动机，由独立的单元组装（见图26）：前部有配气机构和动力传动轴；中部有等距固接双连杆轴、活塞连接杆和同步连接轴；后盖带有传动装置和气缸。

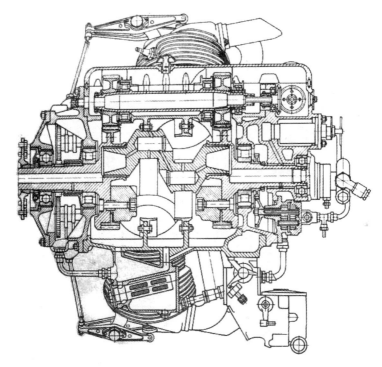

图41 МБ-4发动机轴向剖面面

МБ-4发动机的结构零部件和单元设计成可以组装成整套四缸和八缸的发动机，功率为 102.9~294.0 kW。

下面介绍四缸和八缸发动机。曲柄-等距固接双连杆机构发动机 МБ-4 的零部件和单元组件的基本数据见表6。

组装 МБ-4、МБ-8、МБ-46 和 МБ-86 发动机的结构部件放大图如图43所示。

图40 和图44 所示是四缸和八缸发动机（МБ-4 和 МБ-8）的第一部分，由部件（a）、（b）和（c）组装而成。独立部件（a）、（b）和（c）成套，按技术规程组装成四缸发动机 МБ-4。

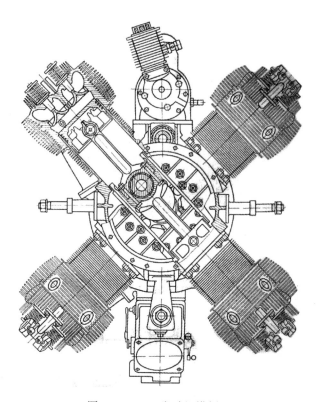

图42　МБ-4发动机横剖面

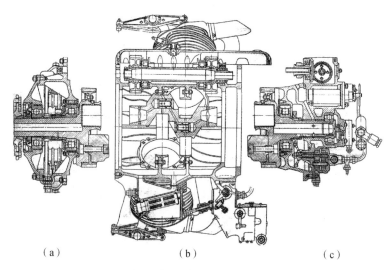

图43　МБ-4发动机部组件
(a) 前室总成；(b) 带气缸的中间总成；(c) 后盖总成

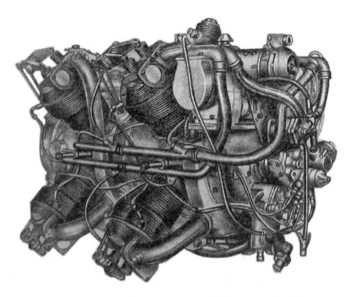

图 44　由部件（a）、（b）、（c）组合的 МБ–8 发动机，
组合顺序为(a)+(c)+(a)+(c)+(b)

在八缸发动机中部，部件（a）和（c）之间是可调整的部件（b），部件（a）中带有一个前曲柄，该前曲柄支撑螺旋桨，（a）和（c）两个部件间的等距固接双连杆轴将调定的两个曲柄连接起来。所有部件都通过固定销与螺栓连接。

八缸发动机 МБ–8 由于传动装置的功率损失相对较小，附件与МБ–4 发动机相同，具有稍高的机械效率，因此经济性更好。通过长期工厂测试，在巡航工况下有效燃油消耗率为 288.4 g/(kW·h)，即比 M–11A 发动机的有效燃油消耗率低 12%。

图 45 所示为发动机 МБ–8 和 M–11A 外特性和螺旋桨特性的比较。

第二组发动机（МБ–46 和 МБ–86）的参数详见表 6，不同

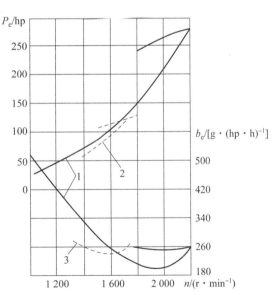

图 45　曲柄–等距固接双连杆机构
发动机 МБ–8 与曲柄连杆机构发动机
M–11A 外特性和螺旋桨特性的比较

于发动机 МБ – 4 和 МБ – 8 的只有气缸组，在活塞行程相同时，工作容积较大。活塞行程为 140 mm，压缩比为 5.8。

表6 МБ 系列曲柄 – 等距固接双连杆机构发动机的基本数据

参数	发动机			
	МБ – 4	МБ – 8	МБ – 46	МБ – 86
缸数	4	8	4	8
缸径/mm	125	125	146	146
排量/L	6.864	13.728	9.37	18.74
进气方式	自然进气（无增压）			
功率/kW	102.9	205.8	147	294
转速/($r \cdot min^{-1}$)	2 200	2 200	2 300	2 300
燃油	航空或汽车汽油			
有效燃油消耗率/[$g \cdot (kW \cdot h)^{-1}$]				
最大工况	353.74	340.14	340.14	340.14
正常工况	312.93	299.32	306.12	299.32
运转工况	299.32	288.44	292.52	288.44
发动机质量/kg	156	248	210	354
发动机外廓尺寸/m				
高	0.700	0.700	0.840	0.840
宽	0.700	0.700	0.840	0.840
长	0.825	1.290	0.825	1.290

当安装与 МБ – 4 发动机缸径不同的气缸时，铸造箱体的座孔采用不同的方式完成加工，以使镗缸的直径适合缸径为 125 mm 和 146 mm（图46）的气缸使用。

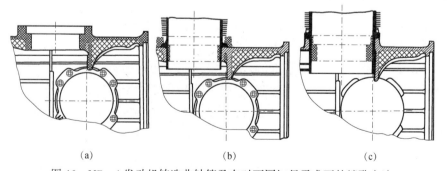

图46 МБ – 4 发动机铸造曲轴箱及在对不同缸径需求下的镗孔方法
（a）МБ – 4 发动机铸造曲轴箱；（b）МБ – 4 和 МБ – 8 发动机 125 mm 缸径的第一组在机体上的镗孔；
（c）МБ – 46 和 МБ – 86 发动机 146 mm 缸径的第二组在机体上的镗孔

按照四缸发动机 МБ-4 的标准,所有在第一和第二组部件上的其他零件和组件不需要改装。

发动机 МБ-46 和 МБ-86 的第二组部件如图 47 和图 48 所示。

图 47　МБ-46 发动机

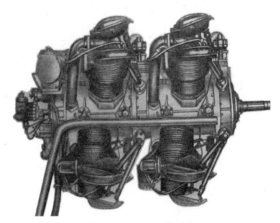

图 48　МБ-86 发动机

因此,四缸曲柄-等距固接双连杆机构发动机标准零件可以组造不同功率的系列发动机,备件与维护方式也一致。

这样,因为 МБ-4 发动机由分开的独立部分组合而成,结合加工与组装要求不高,没有压力装配,没有整体的发动机结构件,由各单元的组合可以获得专用的发动机。因此,在安装时,改装成带增压器的后端盖(c)段,可以得到增压发动机;如果改装带减速装置的(a)段,发动机转速降低,输出轴功率减少。

在这两种情况下，可以通过置换发动机上一般结构的（a）段和（c）段来改变，这在有技术的修理厂可以实现。

低功率曲柄-等距固接双连杆机构的 МБ 系统发动机与类似功率等级的曲柄连杆机构发动机的使用比较表明，曲柄-等距固接双连杆机构发动机在结构上比曲轴连杆机构发动机更简单。表 7 所示为 294 kW МБ-86 曲柄-等距固接双连杆机构发动机和 220.5 kW 曲柄连杆发动机 МГ-31 的零件类型数量及零件数量的比较。

图 49 所示为 102.9~294.0 kW 曲柄-等距固接双连杆机构发动机与 91.875 kW 曲柄连杆机构发动机 M-11A 的受力机构零件的比较。

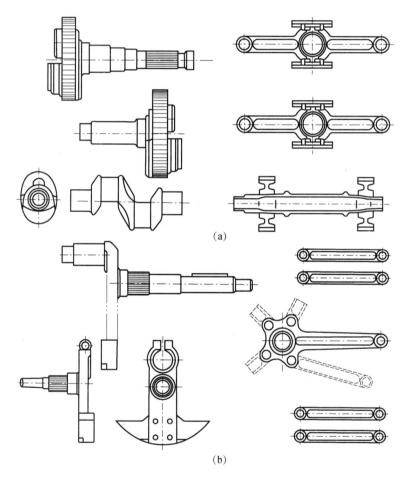

图 49　102.9~294.0 kW 曲柄-等距固接双连杆机构发动机与
91.875 kW 曲柄连杆机构发动机 M-11A 的受力机构零件的比较
(a) 102.9~294.0 kW 曲柄-等距固接双连杆机构发动机零件；
(b) 91.875 kW 曲柄连杆机构发动机 M-11A 零件

第二章　曲柄-等距固接双连杆机构发动机的基本参数和结构

曲柄-等距固接双连杆机构发动机的某些部分比曲柄连杆机构发动机的类似部分在技术上更简单。例如，曲柄-等距固接双连杆机构发动机的活塞通常用直径公差为 $^{+0.000}_{-0.040}$ mm、表面光洁度①为▽6的常规车床可以加工出来；而曲柄连杆机构发动机的活塞需要裙部椭圆加工，其表面处理需要一种特殊的靠模，在处理的尺寸和光洁度上有更严格的公差。伏尔加汽车的 M-21 发动机的活塞的直径公差为 $^{+0.0048}_{-0.0120}$ mm，表面光洁度为▽7~▽8。

表7　МБ-86 曲柄-等距固接双连杆机构发动机和 МГ-31 曲柄连杆机构发动机的零件种类和零件数量的比较

发动机段	零件类型数量		零件数量	
	МГ-31	МБ-86	МГ-31	МБ-86
带配气机构的前轴部分	33	26	172	176
曲轴箱的中间部分和带传动装置的后盖	96	44	182	85
曲轴、连杆（连接杆）、活塞和气缸	75	88	674	638
所有主要的零件	204	158	1 028	899

如果活塞通过活塞销与活塞连接杆连接，则要在活塞及活塞连接杆的头部加工安装活塞销的孔，其尺寸偏差和表面光滑度的公差需要满足的要求更简单。

这组成套活塞与活塞连接杆的质量为 6.42 kg。МБ-4 和 МБ-8 发动机的单位功率质量为 0.062 kg/kW，МВ-46 和 МВ-86 发动机的单位功率质量为 0.044 kg/kW。

曲柄-等距固接双连杆机构允许使用整体式活塞连接杆，这在大功率曲柄-等距固接双连杆机构发动机中得以实现，而质量变得更小。

第3节　1 543.5~2 058 kW 十二缸曲柄-等距固接双连杆机构发动机 OM-127o

单作用液体冷却曲柄-等距固接双连杆机构发动机 OM-127o 的横剖面如图50所示。

它的设计为建造大功率双作用的曲柄-等距固接双连杆机构发动机积累了经验。这个发动机没有成功。表8列出了 OM-127o 发动机的主要参数，表明了曲

---

① 为与国际标准（ISO）接轨，国标中已不再使用"表面光洁度"这一术语，正规、严谨的表达应使用"表面粗糙度"，鉴于本书内容所限，此处不再更改，仍使用"表面光洁度"，特此说明。

柄－等距固接双连杆机构单作用发动机用整体连接杆的可能性，而且无须移动气缸或气缸体。

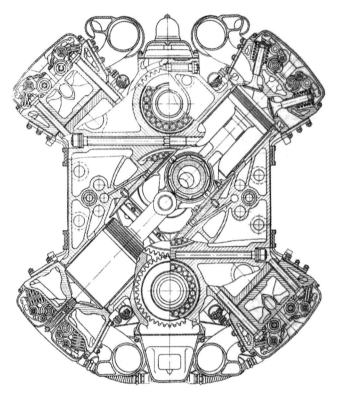

图 50 单作用液体冷却曲柄－等距固接双连杆机构发动机 OM－127o 的横剖面

表 8 OM－127o 发动机的主要参数

参数	发动机	
	自然进气发动机	涡轮增压发动机
缸数	12	12
缸径/mm	160	160
行程/mm	170	170
排量/L	41.0	41.0
压缩比	7.2	7.2
最大功率及对应转速/[kW/(r·min^{-1})]	1 453.5/2 600	2 058/2 600
最大功率时的有效燃油消化率/[g·(kW·h)$^{-1}$]	356.46 ~ 374.15	312.93 ~ 333.33
正常功率及对应转速/[kW/(r·min)$^{-1}$]	1 286.25/2 400	1 580.25/2 400

续表

参数	发动机	
	自然进气发动机	涡轮增压发动机
正常功率时的有效燃油消化率/[g·(kW·h)⁻¹]	306.12 ~ 319.73	285.71 ~ 299.32
巡航功率及对应转速/[kW/(r·min⁻¹)]	955/2 200	1 249.5/2 200
巡航功率时的有效燃油消化率/[g·(kW·h)⁻¹]	244.9 ~ 258.5	231.29 ~ 244.9
外形尺寸/m		
直径	1.140	1.140
包含螺旋桨轴的发动机长度	1.980	1.980
包含法兰轴的发动机长度	1.720	1.720
发动机质量/kg	950	1 200
(比质量)单位功率质量/(kg·kW⁻¹)	0.61	0.59
单位体积功率/(kW·m⁻³)	882	1 176

用液体冷却曲柄－等距固接双连杆机构发动机的气缸套可以直接压入曲轴箱中，从而使缸套的下缘和发动机中心轴间的距离最小，而且发动机为流线型的鼓形，它的外形比曲柄连杆机构发动机的小，如果用空气冷却，它的外形会更小。

第4节 车用单作用曲柄－等距固接双连杆机构发动机的结构方案

曲柄－等距固接双连杆机构发动机的主要试验基于航空类型，车用和固定式曲柄－等距固接双连杆机构发动机的结构研究在当时也很风行。

图51所示是一个汽车工厂设计室设计的车用曲柄－等距固接双连杆机构发动机的草案。发动机气缸角度为 $\gamma = 120°$，呈X形排列，带圆盘形气体分配装置，润滑油闭路循环冷却活塞。

图52所示为一种四缸曲柄－等距固接双连杆机构发动机的方案，在功勋科技活动家的指导下，在莫斯科航空发动机研究所制造。

МБ－4曲柄－等距固接双连杆机构发动机还有更合理的结构，如图53所示，该发动机的气缸为单作用工作方式。

在实施这种方案时，曲柄－等距固接双连杆机构发动机在基础部件数量、设计简单性、可加工性、尺寸和质量方面的优点更多。

如果发动机的长度受到限制，则可以采用曲柄-等距固接双连杆-双联偏心轮的方案，其中气缸套沿整个长度方向密集布置（图54），并且活塞组件间具有最小的纵向间距 Δh。

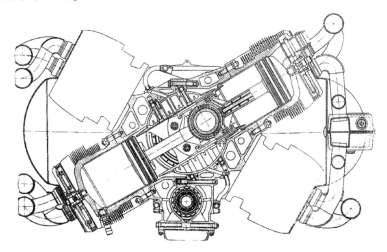

图51　车用曲柄-等距固接双连杆机构发动机的草案

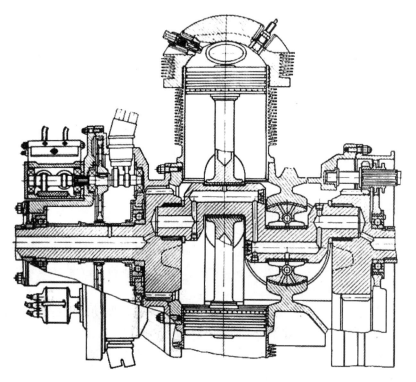

图52　四缸曲柄-等距固接双连杆机构发动机的方案

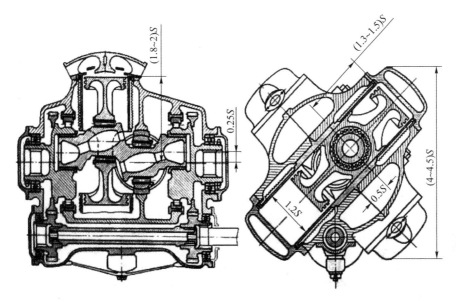

图 53 单作用曲柄－等距固接双连杆机构发动机的布局

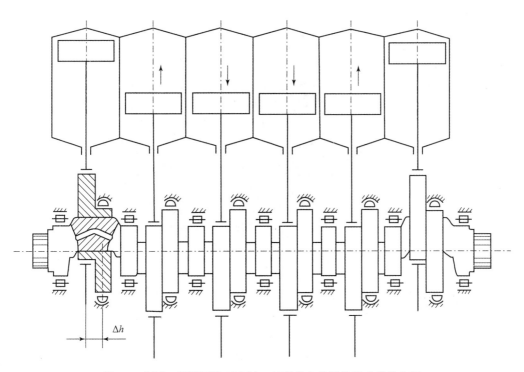

图 54 曲柄－等距固接双连杆－双联偏心轮机构发动机的布局

第5节 2 352 kW 八缸双作用发动机 OM – 127PH

曲柄 – 等距固接双连杆机构八缸双作用发动机 OM – 127PH 最初为 OM – 127 发动机部件设计,用于开发功率为 6 615 kW 的双作用发动机 M – 127,人们研究了全新的零部件和系统,也是 M – 127 发动机的第三部分。后来 OM – 127 发动机部件变成了一个独立用途的自供电发动机 OM – 127PH,而 M – 127 发动机变成了一个更高效的 M – 127K 发动机,功率达 7 350 kW,而不是 6 615 kW,与 M – 127 发动机相比效率更高。

OM – 127PH 发动机是四冲程曲柄 – 等距固接双连杆机构 X 形发动机,采用模块化结构,以及直接汽油喷射和火花塞点火方式。其采用柴油机类型的泵和喷油器,使汽油喷入气缸燃烧室。

OM – 127PH 发动机通过 4 个橡胶减震器,用螺栓连接在车架上,橡胶减震器位于曲轴箱中部。

没有脉冲涡轮增压的 OM – 127PH 发动机的外观如图 55 和图 56 所示。带脉冲涡轮增压的 OM – 127PH 发动机如图 57 所示。

图 55　没有脉冲涡轮增压的 OM – 127PH 发动机侧视图

OM – 127PH 发动机由五个独立单元组装而成:①带有减速器的前部;②带有曲柄 – 等距固接双连杆机构的曲轴箱;③气缸体;④脉冲涡轮增压机;⑤发动机功率传递轴;⑥带离心式压缩机和各种传动装置及附件的后盖。

在 OM – 127PH 发动机中,对所有运动副中的摩擦面进行强制润滑,并且通过闭合回路中的润滑油对活塞连接杆和活塞进行有组织的循环冷却。

OM – 127PH 发动机的纵剖面和横剖面,以及活塞连接杆和活塞的润滑系统和冷却系统如图 58 和图 59 所示。

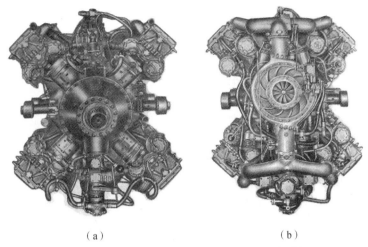

(a)　　　　　　　　　　　(b)

图56　没有脉冲涡轮增压的 OM–127PH 发动机

(a) 前视图；(b) 后视图

图57　带脉冲涡轮增压的 OM–127PH 发动机

OM–127PH 发动机有 4 个可互换调整的气缸排，每个气缸排的气缸中，活塞为双作用工作方式，每个气缸有两个燃烧室，分别位于同一活塞的上部和下部；缸盖带有气门，两个位于气缸体侧面的凸轮轴通过推杆、挺柱和摇臂驱动对应的进气门和排气门。

每一活塞上部和下部的燃烧室都有带气门的气缸盖，各有各的喷油器，配有火花塞点火，气缸套为湿式结构。这些能保证在所有工况下水的流动稳定，燃烧效率高，功率稳定，经济性好。

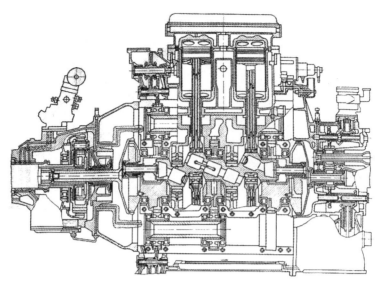

图 58　OM-127PH 发动机的纵剖面

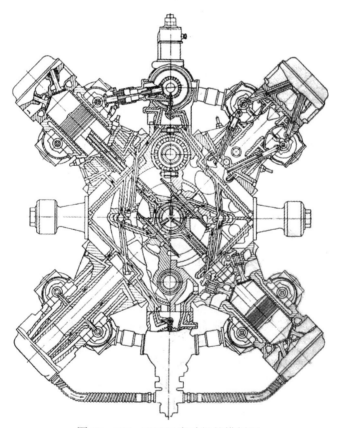

图 59　OM-127PH 发动机的横剖面

与曲柄连杆机构发动机比，当曲柄-等距固接双连杆机构发动机运行时，机体内的流动机油少，因此减少了机油的液力损失。

机油从3处排出：①曲轴箱前部的底面；②曲轴箱后部的底面；③缸体上。这样，OM-127PH发动机即使在倾斜达45°时都能正常工作。图60所示为OM-127PH发动机的曲柄-等距固接双连杆机构的纵剖面，其方案对应于图11（a）。

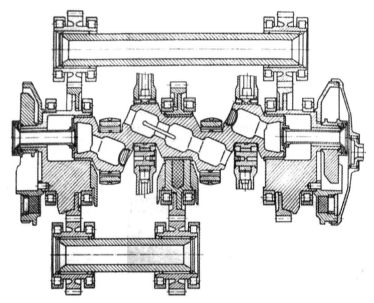

图60　OM-127PH发动机的曲柄-等距固接双连杆机构的纵剖面

等距固接双连杆轴与传统曲柄连杆机构发动机的曲轴形状类似，有4个曲拐和3个主轴颈（支撑轴颈）。4个曲拐的连接杆轴颈轴线均位于同一平面（$\beta=180°$）上。每个连接杆轴颈与对应的一套活塞连接杆连接。3个主轴颈通过轴承连接在3个中央动力曲柄上。3个中央动力曲柄分别称前驱动曲柄、中驱动曲柄、后驱动曲柄，外缘均为齿轮，内有安装等距固接双连杆轴主轴颈的偏心孔。

中驱动曲柄和后驱动曲柄通过两个同步连接轴连接到前驱动曲柄。具有较高刚度的上同步连接轴连接前、后驱动曲柄，下同步连接轴连接前、中驱动曲柄。因此，发动机功率从等距固接双连杆轴的3个主轴颈通过3个中央动力驱动曲柄输出。

同步连接轴之间的功率分配取决于同步连接轴和等距固接双连杆轴的刚度比。

驱动曲柄上有配重，配重可确保机构运动和旋转质量惯性力的完全平衡。惯性力力矩由与等距固接双连杆轴端部的主轴颈连接的两个配重来平衡（详见发动机平衡）。

OM-127PH 曲柄-等距固接双连杆机构发动机活塞连接杆的横剖面及连接杆轴颈如图 61 所示。

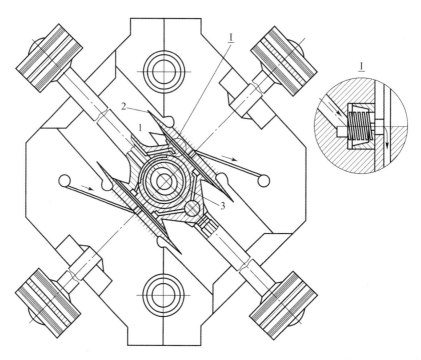

图 61 OM-127PH 曲柄-等距固接双连杆机构发动机活塞连接杆的横剖面及连接杆轴颈

曲柄-等距固接双连杆机构使用的活塞连接杆及滑块 1 沿着机体导轨 2 与厚壁连接杆轴承 3 一起作往复直线运动，在发动机结构上能够实现间歇工作的活塞润滑油冷却系统，润滑油通过导轨和滑块供给到每个活塞进行冷却，保证各气缸排所有气缸中的活塞有同样的冷却效果。

机油通过活塞连接杆的通道进入活塞，冷却活塞后被加热，热的机油从轴承润滑系统独立出来，再通过滑块盖板和它的导向槽进入曲轴箱主油道出口，然后进入油水热交换器或机油散热器冷却。

用于冷却活塞的机油在独立的油路中，没有进入因工作变热而恶化的轴承的可能性，在润滑系统工作时，通过选择活塞连接杆出口不同截面的喷嘴，独立调节活塞冷却油的低温流动性，以这样的方式保证活塞和活塞环有最佳的热状况。

滑块盖板不是严格地紧固在活塞连接杆上的，所以发动机工作时，滑块可以沿着导轨自动对准。

为了防止从盖板和活塞连接杆之间的缝隙漏油，接触密封件为带弹簧的特殊杯形衬套（图 61），这种结构不限制杯形衬套在活塞连接杆内的相对移动。

从图61中可以看出，在 OM – 127PH 发动机中，两个相对布置的气缸中，两个活塞通过活塞主连接杆和副连接杆相互连接。副连接杆的这种连接方式不是工作必要的，如同曲柄连杆机构发动机中的连杆，而是考虑到便于发动机的组装。

首先，用专用工具把等距固接双连杆轴与活塞连接杆、驱动曲柄和轴承组装在一起，然后将组装的总成装入曲轴箱中。将总成装入曲轴箱时，需要将气缸连接杆之间的角度从 90°减小到 45°~ 50°等不同的方向，这是确保副连接杆相对能转动的原因。

当发动机工作时，副连接杆铰接点不转动，带滑块的活塞主连接杆和副连接杆保持在同轴位置，不带滑块的活塞连接杆如图 62 所示。

图 62 装配好的 OM – 127PH 发动机的活塞主连接杆和副连接杆

与活塞主连接杆一样，去冷却副连接杆活塞的机油和从其活塞中流出的机油通过两个独立的通道来实现，机油通道穿过铰接销处。铰接销与副连接杆为过盈配合固定，过盈量为 0.015 ~ 0.025 mm。当发动机工作时，铰接销和主连接杆之间没有相对运动，间隙很小，为 0 ~ 0.020 mm，机油通过时不会发生泄漏。因此，与主连接杆的活塞相同，确保了副连接杆的活塞有相同的冷却条件。

双作用气缸发动机 OM – 127PH 的配气机构驱动装置示意如图 63 所示。

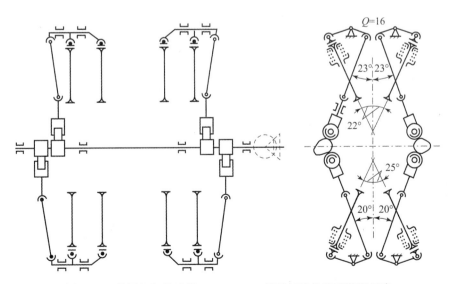

图 63 双作用气缸发动机 OM – 127PH 的配气机构驱动装置示意

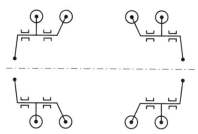

图63 双作用气缸发动机 OM-127PH 的配气机构驱动装置示意（续）

X 形排列的四冲程双作用发动机 OM-127PH 的基本数据见表9。

表9 X 形排列的四冲程双作用发动机 OM-127PH 的基本数据

参数	发动机	
	无脉冲涡轮	带脉冲涡轮
冷却方式		
气缸	压力冷却液冷却	
活塞	压力机油冷却	
缸数	8	
缸径/mm	155	
行程/mm	146	
排量/L	22.0	
压缩比	5.5	
燃料	Б-100/130 号汽油	
陆地最大功率/kW	2 352.0	2 572.5
陆地最大功率转速/(r·min^{-1})	2 650	2 650
陆地最大功率增压压力/mmHg	2 100	2 100
陆地最大功率有效燃油消耗率/[g·(kW·h)$^{-1}$]	455.8~462.6	419.0~428.6
巡航工况功率/kW	933.5	1 007.0
巡航工况转速/(r·min^{-1})	1 800	1 800
巡航工况增压压力/mmHg	1 130	1 130
巡航工况有效燃油消耗率/[g·(kW·h)$^{-1}$]	292.5	272.1

续表

参数	发动机	
	无脉冲涡轮	带脉冲涡轮
机油消耗率/[g·(kW·h)$^{-1}$]		
机油	不大于10.2　MC-20	
机油散热率/[kcal·(kW·h)$^{-1}$]	不大于0.5	
喷油泵数量	2	
喷油器类型		
上部	ОПНБ-53	
下部	ОПНБ-90	
外廓尺寸/mm		
高度	1 707	
长度	2 487	
宽度	1 374	1 480
质量/kg	2 030	2 150

在测试期间，OM-127PH 发动机在最大功率工况下，升功率为 107.31 kW/L，高于类似级别的现代曲柄连杆机构发动机。

图 64 所示为 OM-127PH、M-127 发动机和曲柄连杆机构航空发动机的升功率比较情况。测试期间 OM-127PH 发动机的机械效率达 0.94。

没有脉冲涡轮增压的发动机在巡航工况下的特性如图 65 所示。

图 66 所示为巡航工况下，上、下燃烧室燃烧过程中一个工作循环的示功图和燃料喷射过程的示波器压力波形。

图 67 所示为上、下燃烧室燃烧过程的缸内压力变化波形，表征了两个燃烧室中燃烧及工作过程的稳定性。

图 68 所示为 $n=1\,820$ r/min 和增压压力 $P_k=1\,150$ mmHg 时，在软橡胶悬架上进行台架试验期间发动机振动的示波器波形。

OM-127PH 发动机使用两个独立工作的燃油供给和点火系统，分别用于上、下燃烧室。两个独立系统配合工作：一个针对两个上部的气缸排，另一个针对两个下部的气缸排。

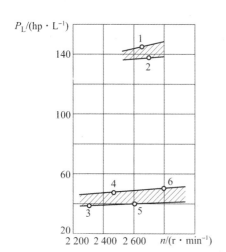

图 64　OM-127PH 发动机与曲柄连杆机构
发动机升功率比较

1—OM-127PH；2—M-127；3—XK-7755；
4—M-47；5—R-3350；6—K-4360

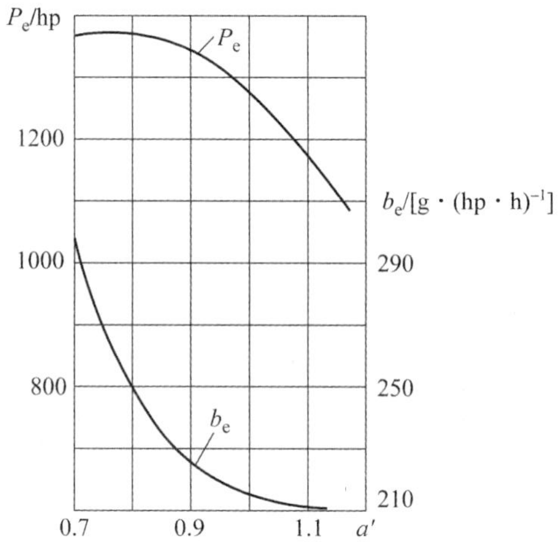

图 65　OM-127PH 发动机 1 800 r/min 巡航
工况下，有效指标随过量
空气系数的变化关系

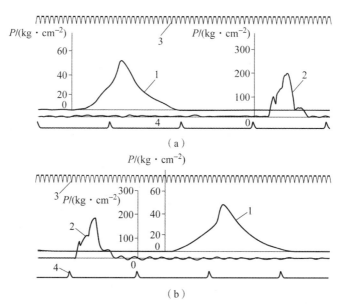

图 66　转速为 2 000 r/min 时缸内工作压力示功图与燃油喷射压力变化过程
（a）上燃烧室；（b）下燃烧室
1—缸内气体压力；2—燃油喷射压力；3—计时标记；4—活塞位置标志

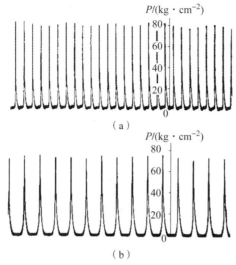

图 67　OM-127PH 发动机工作过程缸内压力波形
(a) 上燃烧室；(b) 下燃烧室

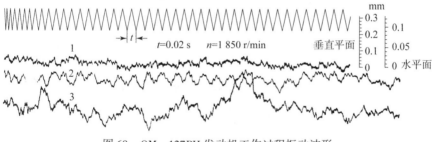

图 68　OM-127PH 发动机工作过程振动波形
1—垂直平面；2—水平面横向；3—水平面纵向

关闭顶部或底部的燃烧室（或上、下气缸排）不影响曲柄-等距固接双连杆机构的平衡和发动机通常的振动水平。在关闭的燃烧室或气缸内没有燃料的供给，而所有机构与系统如燃油泵、配气机构、点火系统、润滑和冷却系统继续在预定的工况下工作，但由于从工作的燃烧室或气缸排循环流出的冷却液会加热不工作的气缸，所以不工作的气缸不会持续保持冷态。因此，发动机满负荷工作时，不需要花费时间加热关闭的燃烧室或气缸。

在台架试验期间，通过用开、闭上部或下部气缸燃烧室燃料供给的方法，使发动机从全功率状态切换到半功率状态，或从半功率状态过渡到全功率状态，其过渡时间为 1.5~2 s。

发动机在很大范围内快速切换功率的能力是非常有价值的。

现有的双点火和燃料供给系统显著提高了发动机的可靠性，这些技术也为发动机从 0.25 倍标定功率到 0.9 倍标定功率的大工况范围的经济性提高开辟了途径。

例如，OM-127PH 发动机可以像常规发动机一样，通过操纵节气门改变燃油消耗调节到低功率模式，但经济性不好。而通过关闭燃烧室或气缸排的一半来切换到低功率模式，则能保持最大的经济性。

测试结果表明，在更高的压缩比（7~7.5）下，OM-127PH 发动机也可以运行，没有爆震的情况。

活塞式发动机可以通过延长工作过程中的膨胀过程来改善经济性，其实质是：把标称压缩比增加 2~3 个单位，为使发动机不爆震，增加进气门的关闭角延迟量，在这种情况下，当压缩行程开始时，部分充量从气缸中推出，结果使压缩过程的实际开始时刻被延迟，即实际压缩比减小，发动机不爆震，但经济性所依赖的膨胀程度依然与标称的压缩比相等，比实际的压缩比大。

为了补偿气缸中减少的充量，需要相应地增加活塞的行程。但对于曲柄连杆机构发动机，这会导致外廓尺寸显著增加，因为它不仅必须增加曲柄的长度，同时也要增加连杆的长度，以保持连杆比（$\lambda = r/l$），所以这些发动机没有用这样的方法来提高经济性。

在曲柄-等距固接双连杆机构发动机中，增加相同的活塞行程而引起发动机尺寸的增加量小很多。如果以双作用发动机计算，则可以得到以下结果。

当要求曲柄连杆机构发动机的活塞行程增加 ΔS 时，如果采用连杆比 $\lambda = 0.33$，则从曲轴旋转中心到活塞上死点 c 的距离要增加 $2\Delta S$，其中曲柄半径延伸量为 $0.5\Delta S$，连杆延伸量为 $1.5\Delta S$。

在曲柄-等距固接双连杆机构发动机中，从曲柄旋转中心到活塞上死点 c 的距离只会增加 ΔS，曲轴箱增加 $0.5\Delta S$，活塞连接杆需要延长 $0.5\Delta S$，以便布置下部气缸盖。

考虑到上述情况，曲柄-等距固接双连杆机构发动机的初始横向尺寸远小于曲柄连杆机构发动机的，因此曲柄-等距固接双连杆机构发动机方案适合用延长膨胀过程的循环来增加其经济性。

在 OM-127PH 发动机试验中，工作过程采用延长膨胀过程的循环与通常四行程发动机循环，结果比较表明有效燃油消耗率下降了 10%~12%。

图 69 所示为 M-127 发动机气缸获得的指示功率与指示燃油消耗率随混合循环比例变化的关系，试验的气缸为下部燃烧室，在压缩比 $\varepsilon_c = 7.02$ 的通常循环过程与在压缩比 $\varepsilon_c = 7.02$ 和 $\varepsilon_p = 9.16$ 延长膨胀过程的循环进行。

图 70 所示为 OM-127PH 发动机工作 138 h 后的等距固接双连杆轴及活塞连接杆。

在曲柄-等距固接双连杆机构发动机中，等距固接双连杆轴负荷比曲柄连杆机构发动机曲轴的小，因此功率为 2 352 kW 的 OM-127PH 发动机的等距固接双连杆轴的质量仅为 29.6 kg，全部整套运动件的质量（活塞、带滑块的活塞连接杆）为 126.19 kg。

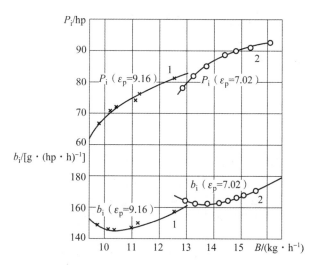

图 69　由 M-127 发动机气缸获得的指示功率随混合循环比例变化的关系
1—延长膨胀过程的循环；2—通常的循环

图 70　OM-127PH 发动机工作 138 h 后的等距固接双连杆轴与活塞连接杆

活塞连接杆轴承和曲轴支撑轴承（图 71）浇注铅青铜；金刚石钻孔后的摩擦表面有厚度为 5 μm 的铅涂层。

滑块盖板（图 72）没有完全固定在连接杆上，沿着曲轴箱导轨自行可以调整位置。盖板摩擦表面也浇注铅青铜，盖板沿曲轴箱上的导轨刮平，并具有 5 μm 厚的铅涂层。在工作 138 h 后，铅涂层保留在所有的轴承和连接杆滑块盖板上。在盖层上表面层上可见到刮研的铅图案。

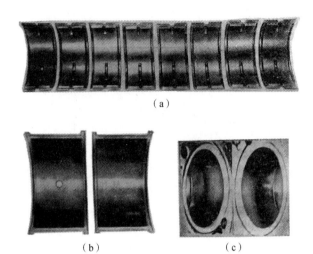

图 71　OM－127PH 发动机工作 138 h 后的轴承

(a) 连接杆轴承；(b) 驱动曲柄衬套；(c) 两端驱动曲柄的轴承

图 72　OM－127PH 发动机工作 138 h 后的滑块盖板

表 10 所示为曲柄－等距固接双连杆机构发动机 OM－127PH 和 M－127K 与曲柄连杆机构发动机 AM－42 和 AЧ－31 的单位功率运动件质量的对比。

表 10　曲柄－等距固接双连杆机构发动机 OM－127PH 和 M－127K 与曲柄连杆机构发动机 AM－42 和 AЧ－31 的单位功率运动件质量的对比

零件名称	单位功率运动件质量/(g·kW^{-1})			
	OM－127PH	M－127K	AЧ－31	AM－42
带活塞的连接杆	32.65	31.29	—	—
带活塞的连杆	—	—	106.12	55.78
等距固接双连杆轴	12.60	12.11	—	—
曲轴	—	—	80.27	77.55
回转中央支撑与带齿轮的连接轴	115.37	63.67	—	—
运动件	160.54	131.97	186.39	133.33

OM-127PH发动机曲轴箱（图73）由纵向剖开的两块组成。

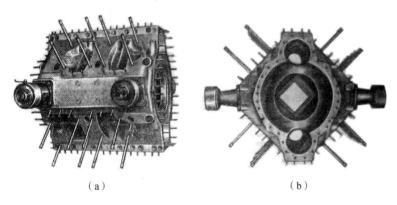

(a)

(b)

图 73 OM-127PH 发动机曲轴箱
(a) 侧视图；(b) 端面图

当组装发动机时，曲柄-等距固接双连杆机构最初被放置在曲轴箱的一块中，机构可以自由地进入，最终组装在曲轴箱中，可检查轴向间隙、机构中齿轮间的间隙及组件组装的正确性，如图74所示。在检查之后，安装曲轴箱的另一块，两块曲轴箱用螺栓紧固。

图 74 OM-127PH 发动机曲轴箱中的曲柄-等距固接双连杆机构

气缸-活塞组及曲柄-等距固接双连杆机构发动机 OM-127PH 的主要零件的配合尺寸、公差、间隙见表11。

表11 气缸-活塞组及曲柄-等距固接双连杆机构发动机 OM-127PH 的主要零件的配合尺寸、公差、间隙　　mm

参数	配合尺寸	公差	间隙
气缸直径	155	+0.040	—
活塞直径	—	—	—
上、下端部	153.8	±0.02	1.26~1.18
中部	154.3	±0.02	0.76~0.68
两个导向滑块间	175.0	+0.040	—
滑块盖板间	175.0	−0.01 −0.155	0.195~0.100
组装后的连接杆轴承内径	108.0	+0.021	—
等距固接双连杆轴两端连接头直径	108.0	−0.080 −0.125	0.146~0.08
端部与中部支撑轴承最小部分直径	108.0	+0.021	—
支撑轴颈直径	108.0	−0.080 −0.125	0.146~0.08

第6节　7 350 kW 二十四缸曲柄-等距固接双连杆机构双作用发动机 M-127K

　　M-127K 发动机（图75）是水冷四行程双作用 X 形活塞式高速发动机。

　　M-127K 发动机有4个气缸排，共24个气缸，排量为82 L，缸排夹角为90°。

　　气缸排夹角为90°的 X 形布置如图76所示。采用废气脉冲涡轮增压，增压器布置在缸排外廓内。

　　M-127K 发动机的曲轴箱与 OM-127PH 发动机的类似，由两个部分组成，并且具有垂直的纵向分割面。

　　燃油泵类似于高压柴油泵，有12个供油组，将燃料直接喷射到气缸中，燃油泵安装在曲轴箱上、下两个部分的气缸排之间。

　　第一级增压为废气涡轮增压，第二级增压为机械双速离心增压，空-空中冷器对增压空气冷却。通过级间压力调定，M-127K 发动机的设计功率在海拔12 000 m 处保持不变。

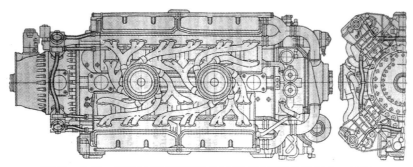

图75 曲柄-等距固接双连杆机构四行程双作用发动机 M-127K

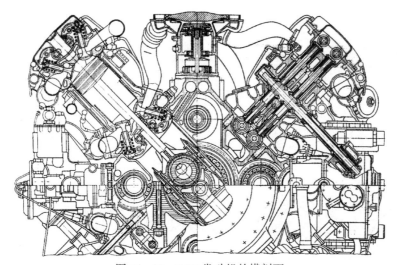

图76 M-127K 发动机的横剖面

M-127K 发动机的动力机构（图77）由 3 套类似 OM-127PH 发动机的曲柄-等距固接双连杆机构组成，沿着发动机的长度排列成一列。因为每套等距固接双连杆轴在一个平面上，从轴的端面看，套与套之间轴平面相对于驱动曲柄中心轴的旋转角度差为 120°（参见图89）。

每两个等距固接双连杆轴的连接头使用共同的中央驱动曲柄（图78）。对接的两个等距固接双连杆轴的端部轴颈在横向平面上相对间隔 120°，以确保平动和旋转质量块的惯性力相互平衡，惯性力矩通过与等距固接双连杆轴连接的配重来平衡。

曲柄-等距固接双连杆机构发动机 M-127K 有执行曲柄功能的 7 个中央驱动曲柄和 4 个圆柱形高速同步连接轴，同步连接轴安装在中央驱动曲柄的相应位置。这些同步连接轴与中央驱动曲柄的连接如图89所示。

4 条同步连接轴布置在垂直于发动机轴线平面上，每条同步连接轴轴线与发动机轴线平行。M-127K 发动机曲柄-等距固接双连杆机构的横剖面如图79所示。

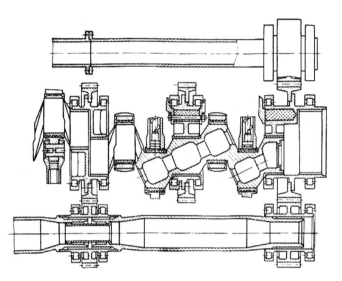
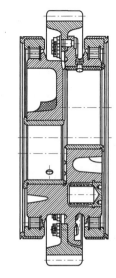

图 77　M-127K 发动机曲柄-等距固接双连杆机构的轴向剖面

图 78　M-127K 发动机曲柄-等距固接双连杆机构曲轴对接用的中央驱动曲柄及轴承

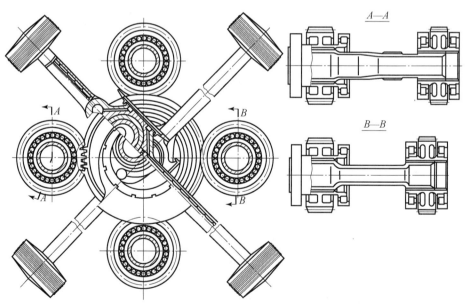

图 79　M-127K 发动机曲柄-等距固接双连杆机构的横剖面

在 M-127K 发动机中，各同步连接轴将沿着发动机长度方向的 7 个中央驱动曲柄的动力传出。

曲柄-等距固接双连杆机构发动机 M-127K 的基本数据见表 12。

表 12　曲柄-等距固接双连杆机构发动机 M-127K 的基本数据

气缸排布置	夹角为 90°的 X 形
气缸冷却方式	液体压力冷却
活塞冷却方式	压力机油冷却
缸数 缸径/mm 活塞行程/mm 排量/L 压缩比： 　上部燃烧室 　下部燃烧室	24 160 170 82.0 6.9 7.1
燃油 机油消耗率/[g·(kW·h)$^{-1}$]	汽油 Б-100/130 不大于 9.524
发动机外廓尺寸/m 　高 　宽 　长	 1.55 1.44 3.435（含 1 个螺旋桨减速器） 3.600（含螺旋桨减速器）
质量/kg	3 450
起飞工况	
起飞功率/kW 转速/(r·min^{-1}) 增压压力/mmHg 有效燃油消耗率/[g·(kW·h)$^{-1}$]	7 350 2 600 1 570 306.1
额定工况	
指定海拔功率/kW 　12 000 M 　5 000 M 　0 M 转速/(r·min) 增压压力/mmHg 有效燃油消耗率/[g·(kW·h)$^{-1}$] 　12 000 M 　5 000 M 　0 M	 5 880 5 733 5 475.8 2 300 1 200 255.8 268.0 278.9

续表

0.75 倍额定工况	
指定海拔 0.75 倍额定工况功率/kW	
12 000 M	4 410
5 000 M	4 300
0 M	4 116
转速/(r·min^{-1})	1 900
增压压力/mmHg	1 090
有效燃油消耗率/[g·(kW·h)$^{-1}$]	
12 000 M	201.4
5 000 M	210.9
0 M	220.4
0.6 倍额定工况	
指定海拔 0.6 倍额定工况功率/kW	
12 000 M	3 528
5 000 M	3 440
0 M	3 278
转速/(r·min^{-1})	1 700
增压压力/mmHg	960
有效燃油消耗率/[g·(kW·h)$^{-1}$]	
12 000 M	198.6
5 000 M	209.5
0 M	220.4

在不使用延长膨胀过程循环的情况下，M－127K 发动机在各种工况下计算的外特性如图 80 所示。

针对 OM－127PH 和 M－127K 发动机主要部件的制造和调试试验，人们研制了配气盘，发动机外廓尺寸比具有相同功率的主机 M－127K 更小。

图 81 所示为带配气盘的 M－127K 发动机横剖面。

在生产的曲柄－等距固接双连杆机构汽油发动机 M－127K 和 OM－127PH 中，在标定工况下所计算的燃料供油压力和最大压力近似等于现代柴油机中相应的压力，在强化工况下进行试验时，OM－127PH 发动机的这些压力更高。因此，在完成所有燃料供给系统的部组件后，以高达 150 kg/cm^2 的最大喷油压力喷油，发动机工作后表明，可以在 OM－127PH 和 M－127K 发动机的基础上开发各种用途的柴油机。

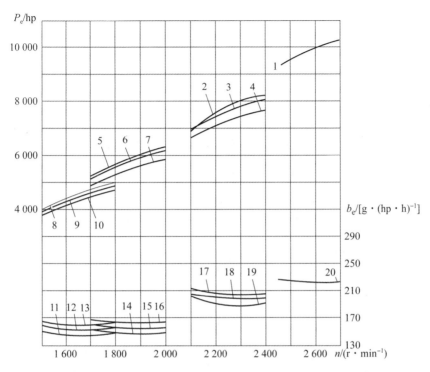

图 80 曲柄-等距固接双连杆机构发动机 M-127K 在各种工况下计算的外特性
1—起飞工况的功率；
2，3 和 4—分别在海拔 $H=12\,000$ m，$H=5\,000$ m 和 $H=0$ m 时标定工况的功率；
5，6 和 7—分别在海拔 $H=12\,000$ m，$H=6\,000$ m 和 $H=0$ m 时运行工况的功率；
8，9 和 10—分别在 $H=12\,000$ m，$H=5\,000$ m 和 $H=0$ m 时巡航工况的功率；
11，12 和 13—分别在 $H=12\,000$ m，$H=5\,000$ m 和 $H=0$ m 时巡航工况的有效燃油消耗率；
14，15 和 16—分别在 $H=12\,000$ m，$H=5\,000$ m 和 $H=0$ m 时运行工况的有效燃油消耗率；
17，18 和 19—分别在 $H=0$ m，$H=5\,000$ m 和 $H=12\,000$ m 标定工况的有效燃油消耗率；
20—起飞工况的有效燃油消耗率。

人们使用 M-127K 发动机的方案和曲柄-等距固接双连杆机构，开展了功率为 10 290 kW 的二冲程双作用柴油发动机（图 82）的研制工作。此外，人们还在单缸设备上进行了柴油机气缸的安装和调试。

图 83 所示为使用柴油的双作用发动机气缸，它与曲柄-等距固接双连杆机构汽油发动机 M-127K 具有相同的尺寸。在测试过程中，直通扫气时气缸升功率为 86.69 kW/L，回流扫气时气缸升功率为 80.1 kW/L。

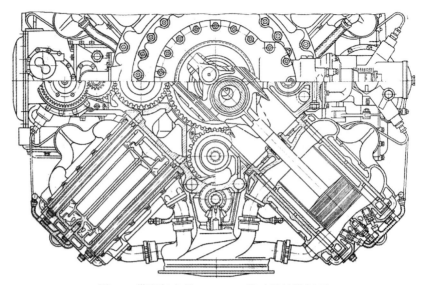

图 81　带配气盘的 M–127K 发动机的横剖面

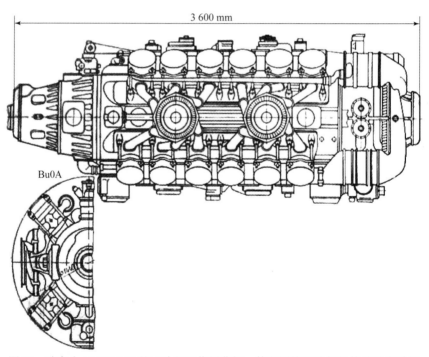

图 82　功率为 10 290 kW 的二冲程双作用曲柄–等距固接双连杆机构柴油发动机

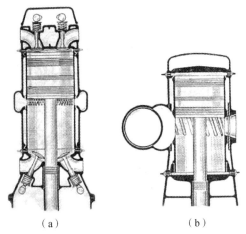

图83　使用柴油的双作用发动机气缸
(a) 直通扫气；(b) 回流扫气

第三章 曲柄-等距固接双连杆机构发动机运动学和动力学

第1节 运动学方程

曲柄-等距固接双连杆机构的基本原理是：带滑块的活塞-连接杆沿着相应的气缸轴线作往复直线运动，等距固接双连杆轴 ACB（下文称"曲轴"）通过点 A 和 B 处的轴承与活塞-连接杆铰接，并且在点 C 处与曲柄 OC 铰接，曲柄 OC 以角速度 ω 相对于其固定中心 O 旋转（图84）。

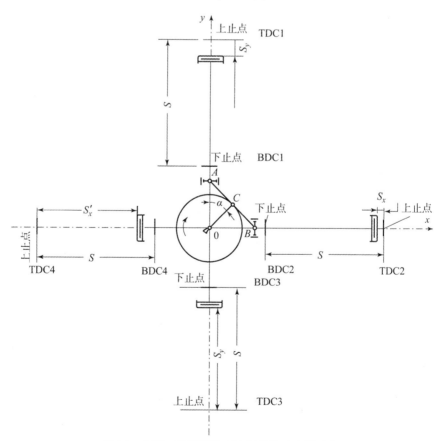

图84 曲柄-等距固接双连杆机构动力学示意

机构中所有杆的运动通过曲柄 OC 的转角 α 协调，曲柄转角 α 为第一活塞的气缸体轴线 $y-y$ 与曲柄 OC 在旋转方向上的夹角，当第一活塞初始位置位于上止点（TDC）时，曲柄 OC 与 $y-y$ 轴重合，$\alpha = 0°$。

曲柄 OC 的旋转角速度 ω 假定为常数，缸体之间的夹角角度 γ 等于 $90°$。

基本符号如下：

r——曲柄 OC 的半径，杆 ACB 中 AC 和 BC 的长度，m；

α——曲柄从其初始位置到某一位置的旋转角度，（°）或 rad；

n——曲柄转速，r/min；

ω——曲柄旋转的角速度，rad/s；

t——曲柄从其初始位置转到某一位置的时间，s；

S_y——第一排气缸中的活塞位置与其上止点位置间的距离，m；

S'_y——第三排气缸中的活塞位置与其上止点位置间的距离，m；

S_x——第二排气缸中的活塞位置与其上止点位置间的距离，m；

S'_x——第四排气缸中的活塞位置与其上止点位置间的距离，m；

v_y——第一和第三个气缸中活塞的速度，m/s；

v_x——第二和第四个气缸中活塞的速度，m/s；

j_y——第一和第三个气缸中活塞的加速度，m/s²；

j_x——第二和第四个气缸中活塞的加速度，m/s²；

$S = 4r$——冲程；

S_i，v_i，j_i——第 i 个活塞的位移、速度和加速度。

活塞位移 $S_i = f(\alpha)$。从活塞离开上止点的距离为活塞位移。活塞位移由下列公式描述：

$$S_y = 2r - y_A, \quad S'_y = S - S_y$$
$$S_x = 2r - x_B, \quad S'_x = S - S_x$$

式中，y_A、x_B 为点 A 和 B 的坐标，即点 A 和 B 在 $y-y$ 和 $x-x$ 轴上离点 O 的距离。

由式（3）和式（4）可知：

$$S_y = 2r(1 - \cos\alpha), \quad S'_y = 2r(1 + \cos\alpha) \tag{9}$$
$$S_x = 2r(1 - \sin\alpha), \quad S'_x = 2r(1 + \sin\alpha) \tag{10}$$

图 85 所示为计算得出的各活塞随曲柄转角的位移曲线，用无量纲值 $\overline{S_i}$ 表示，其值等于活塞的位移与的活塞行程 $S = 4r$ 的比率，即 $\overline{S_i} = S_i/4r$。

机构工作时，平移运动质量的运动速度 $v_i = f(\alpha)$，设 $\omega = $ 常数，对式（9）和式（10）的时间 t 求导，可确定平移运动质量的速度表达式：

$$v_y = \frac{\mathrm{d}S_y}{\mathrm{d}t} = \frac{\mathrm{d}S_y}{\mathrm{d}\alpha} \cdot \frac{\mathrm{d}\alpha}{\mathrm{d}t} = 2r\omega\sin\alpha \tag{11}$$

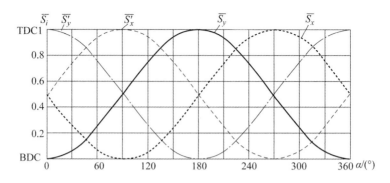

图 85 活塞的相对位移随曲柄转角的位移曲线

$$v_x = \frac{\mathrm{d}S_x}{\mathrm{d}t} = \frac{\mathrm{d}S_x}{\mathrm{d}\alpha} \cdot \frac{\mathrm{d}\alpha}{\mathrm{d}t} = -2r\omega\cos\alpha \qquad (12)$$

垂直气缸的两个活塞以及水平气缸的两个活塞都作为一个整体移动,所以它们的速度和加速度的绝对值彼此相等,但对以自己的上止点为参考系来讲,每个活塞相对位移方向相反:$v'_y = -v_y$,$j'_y = -j_y$,$v'_x = -v_x$,$j_{x'} = -j_x$。

在图 86(a)中,计算了平移运动质量的移动速度随曲柄旋转角度变化的函数曲线,由无量纲的参数 $\overline{v_i}$ 表示,即速度 $v_i = f(\alpha)$ 与其最大值 $v_{i\max} = 2r\omega$ 之比。

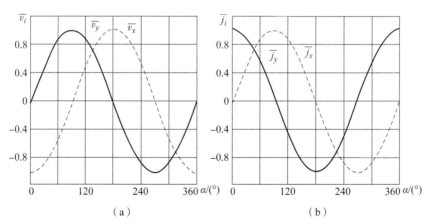

图 86 活塞的速度和加速度随曲柄旋转角度的变化关系
(a)速度;(b)加速度

平移运动质量的平均速度为:

$$v_{icp} = \frac{2Sn}{60} = \frac{Sn}{30} = \frac{4r\omega}{\pi}$$

机构平移运动质量的加速度 $j_i = f(\alpha)$,用于确定平移运动质量加速度的表达式是通过对式(11)和式(12)关于时间 t 进行微分获得的:

$$j_y = \frac{\mathrm{d}v_y}{\mathrm{d}t} = \frac{\mathrm{d}v_y}{\mathrm{d}\alpha} \cdot \omega = 2r\omega^2\cos\alpha$$

$$j_x = \frac{dv_x}{dt} = \frac{dv_x}{d\alpha} \cdot \omega = 2r\omega^2 \sin\alpha$$

在图 86（b）中，折算了运动质量的加速度随曲柄旋转角度变化的函数曲线，其无量纲量值 $\bar{j_i}$ 等于加速度 $j_i = f(\alpha)$ 与其最大值 $j_{i\max} = 2r\omega^2$ 之比。

第 2 节　八缸发动机 OM-127PH 的机构运动学

图 87 所示为 OM-127PH 发动机的曲柄-等距固接双连杆机构运动学示意。

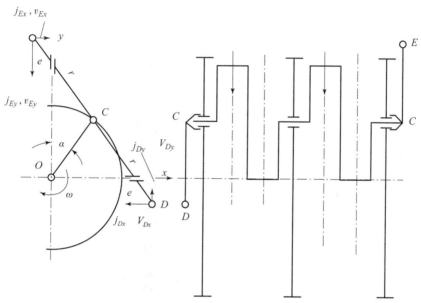

图 87　OM-127PH 发动机的曲柄-等距固接双连杆机构运动学示意

在该发动机中，曲轴第三和第四曲柄销的布置方式分别与第一和第二曲柄销的布置方式完全相同，所以第五~第八活塞的位移、速度和加速度与第一~第四活塞具有相同数值。

配重 D 和 E 通过弹性件连接到曲轴的点 C。

考虑到配重质心的运动，配重距离曲轴轴线 C—C 的距离 $d = r + e$。

在第一章中已经确定了这样一个点，其轨迹是半轴为 $r + d$ 和 $r - d$ 的椭圆。在这种情况下，配重 D 的质心将作椭圆运动，椭圆的长轴沿着 x—x 轴的指向；配重 E 的质心椭圆的长轴沿着 y—y 轴的指向。

在坐标系 yOx 中，Oy 和 Ox 沿着第一和第二气缸的轴线，平衡重 E 的质心坐标为：

$$y_E = (r + d)\cos\alpha = (2r + e)\cos\alpha$$

$$x_E = (r-d)\sin\alpha = -e\sin\alpha$$

坐标 x_E 的负值表示位移矢量与曲柄 OC 旋转的对应位置在 x 轴投影方向相反。

配重 D 的坐标为：

$$y_D = (r-d)\cos\alpha = -e\cos\alpha$$
$$x_D = (r+d)\sin\alpha = (2r+e)\sin\alpha$$

通过对表达式关于时间的微分，获得用于确定配重质心投影于坐标轴的速度和加速度的表达式。对于配重 E 的质心：

$$v_{Ey} = -(2r+e)\omega\sin\alpha$$
$$v_{Ex} = -e\omega\cos\alpha$$
$$j_{Ey} = -(2r+e)\omega^2\cos\alpha$$
$$j_{Ex} = e\omega^2\sin\alpha$$

对于配重 D 的质心：

$$v_{Dy} = e\omega\sin\alpha$$
$$v_{Dx} = (2r+e)\omega\cos\alpha$$
$$j_{Dy} = -e\omega^2\cos\alpha$$
$$j_{Dx} = -(2r+e)\omega^2\sin\alpha$$

从得到的表达式可以得出，每个配重质心的运动速度和加速度曲线与自己的位移椭圆相同。

配重质心的速度和加速度的绝对值从下列方程中获得：

$$v = \sqrt{v_y^2 + v_x^2} \tag{13}$$

$$j = \sqrt{j_y^2 + j_x^2} \tag{14}$$

为了便于研究曲柄－等距固接双连杆机构的动力学，提出把曲轴及配重的运动当成两个均匀旋转运动质量的总和：与点 C 一起相对于点 O 匀速转动。

假设曲柄 OC 的角速度是恒定的，则点 C 以恒定线速度和加速度运动。其线速度 $\varpi = r\omega$，方向垂直于半径 OC，加速度 $j_0 = r\omega^2$，方向沿半径 OC 指向点 O。这样，曲柄与配重在任意点都有确定的速度和加速度。

曲轴绕点 C 的旋转角速度也是恒定的 $\omega_c = -\omega$。因此，在相对运动中，曲轴任意点的线速度和加速度都是恒定的。配重质心 E 的速度 $u_E = (r+e)\omega$，并垂直于半径 CE（图88）；加速度 $j_{EC} = (r+e)\omega^2$，方向沿着该半径指向点 C。

配重质心 E 的绝对速度和绝对加速度通过相对速度和加速度的几何关系获得：

$$\overline{v} = \overline{\varpi} + \overline{u_E} = \omega\sqrt{r^2+(r+e)^2-2r(r+e)\cos2\alpha};$$
$$\overline{j} = \overline{j_0} + \overline{j_{EC}} = \omega^2\sqrt{r^2+(r+e)^2+2r(r+e)\cos2\alpha}$$

获得的表达式与式（13）和式（14）计算的相同。

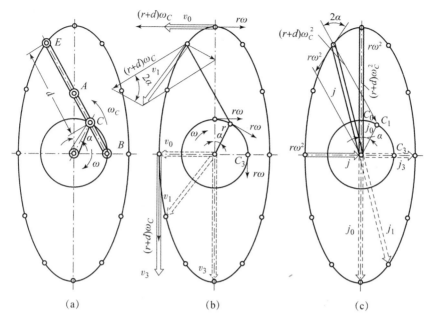

图88 配重质量中心运动轨迹、速度和加速度矢量分析
(a) 轨迹；(b) 速度矢量；(c) 加速度矢量

第3节 二十四缸发动机 M–127K 的机构运动学

二十四缸发动机 M–127K 的曲柄–等距固接双连杆机构是由 3 个八缸发动机 OM–127PH 的曲柄–等距固接双连杆机构串联组成的。

OM–127PH 发动机产生的动力通过 4 个高速同步空心圆柱轴 $1'$、$2'$、$3'$、$4'$（图89）从 7 个中央驱动曲柄上传递出来。

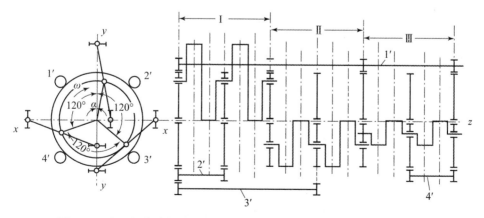

图89 二十四缸发动机 M–127K 的曲柄–等距固接双连杆机构运动方案

（Ⅰ-Ⅲ）段活塞的位移从相应的上止点计算出来。

$$S_{yI} = 2r(1 - \cos\alpha);$$
$$S_{xI} = 2r(1 - \sin\alpha);$$
$$S_{yII} = 2r[1 - \cos(\alpha + 120°)] = 2r[1 + \sin(\alpha + 30°)];$$
$$S_{xII} = 2r[1 - \sin(\alpha + 120°)] = 2r[1 - \cos(\alpha + 30°)];$$
$$S_{yIII} = 2r[1 - \cos(\alpha + 240°)] = 2r[1 + \sin(\alpha + 60°)];$$
$$S_{xIII} = 2r[1 - \sin(\alpha + 240°)] = 2r[1 + \sin(\alpha + 60°)]$$

$S_{yI} - S_{yIII}$ 为在发动机的第一~第三隔室的垂直气缸中上部活塞的位移。

$S_{xI} - S_{xIII}$ 为在发动机的第一~第三隔室的水平气缸中右边活塞的位移。

第一~第三隔室的活塞运动速度为：

$$v_{yI} = \frac{dS_{yI}}{dt} = 2r\omega\sin\alpha;$$

$$v_{xI} = \frac{dS_{xI}}{dt} = -2r\omega\cos\alpha;$$

$$v_{yII} = \frac{dS_{yII}}{dt} = 2r\omega\cos(\alpha + 30°);$$

$$v_{xII} = \frac{dS_{xII}}{dt} = 2r\omega\sin(\alpha + 30°);$$

$$v_{yIII} = \frac{dS_{yIII}}{dt} = -2r\omega\sin(\alpha + 60°);$$

$$v_{xIII} = \frac{dS_{xIII}}{dt} = 2r\omega\cos(\alpha + 60°)$$

第一~第三隔室的活塞的运动加速度为：

$$j_{yI} = \frac{dv_{yI}}{dt} = 2r\omega^2\cos\alpha;$$

$$j_{xI} = \frac{dv_{xI}}{dt} = 2r\omega^2\sin\alpha;$$

$$j_{yII} = \frac{dv_{yII}}{dt} = -2r\omega^2\sin(\alpha + 30°);$$

$$j_{xII} = \frac{dv_{xII}}{dt} = 2r\omega^2\cos(\alpha + 30°);$$

$$j_{yIII} = \frac{dv_{yIII}}{dt} = -2r\omega^2\cos(\alpha + 60°);$$

$$j_{xIII} = \frac{dv_{xIII}}{dt} = -2r\omega^2\sin(\alpha + 60°)$$

第4节 机构中作用力和反作用力的确定

在曲柄-等距固接双连杆机构中,运动副的负荷是燃气作用力、惯性力及惯性力矩的综合作用的结果,计算特别复杂。

为了确定合力的大小与方向、曲柄-等距固接双连杆机构运动副的负载,不仅要知道燃气作用力 P_g 和机构运动质量的惯性力 P_u,而且要知道滑块支撑表面上反作用力 $X_i = f(\alpha)$ 的大小和方向。

在曲柄-等距固接双连杆机构发动机中,加载在曲轴轴颈及轴承上的合力

$$P_{pez} = \sqrt{(P_g \pm P_u)^2 + X_i^2}$$

与传统曲柄连杆机构不同,气缸壁作用于活塞的侧压力 N,从表达式 $N = P_\Sigma \tan\beta$ 可确定,其中 $\overline{P_\Sigma} = \overline{P_g} + \overline{P_u}$,$\beta$ 是连杆相对于气缸轴线的旋转角度。在曲柄-等距固接双连杆机构发动机中,合力 P_Σ 沿着气缸轴线作用,又由两个滑块共同(在点 A 与点 B)作用,确定反作用力 X_i 是主要困难。

活塞连接杆横截面选择的条件是活塞上气体总压力不超过其纵向弯曲的临界力,使活塞连接杆能始终保持笔直。因此,可以假定力 P_Σ 直接作用在曲轴曲柄销上。

图 90 所示为曲柄-等距固接双连杆机构曲轴上的作用力示意。

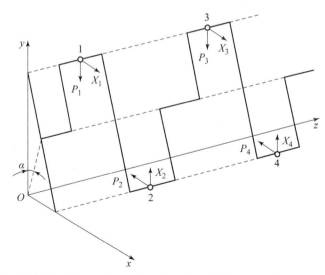

图 90 作用在曲柄-等距固接双连杆机构发动机曲轴 1~4 号曲柄销上的受力示意

四曲柄销曲柄-等距固接双连杆机构发动机的曲轴可以由 2 个或 3 个主轴颈制成。如果采用双主轴颈曲轴,发动机设计更简单、更紧凑,但同时轴承和曲

的负载也相应增加。三主轴颈曲轴在工作上更可靠，但它使发动机布局更复杂。

作用于曲轴某个曲柄销上、方向与气缸轴线一致的合力用 P_1P_4 表示，通称为 P_i，引导活塞、方向与气缸轴线垂直的反作用力用 X_1X_4 表示，通称为 X_i。

合力 $P_i = P_{gi} + P_{ui}$，由燃气作用力和运动质量的惯性力组成，通常使用示功图与机构运动学计算来确定。

如果要确定反作用力 X_i，可以假设曲轴是：

(1) 分段，无弹性刚体，支在 3 个支撑物上，在这种情况下计算方法很简单，但结果准确度低；

(2) 分段，有弹性；

(3) 连续梁，在单个截面上具有不同的弹性，在这种情况下，计算出的反作用力的值更接近现实。

对于三主轴颈曲轴，反作用力 X_i 可以使用 3 个条件中的任何一个，而对于双主轴颈曲轴，只可用第 3 个条件。

如果采用第 3 个条件确定 X_i，那么，对每一个无法确定的超静定性系统及准确度存在额外的未知数。首先，切合实际地评估系统各个单元的弹性（易变形性）；其次，在变形方程中存在没有考虑到的误差的数量（运动副的间隙）。因此，为了获得足够的计算精度，必须知道曲轴实际的弹性特性及其在曲柄-等距固接双连杆机构系统中具有的最大弹性顺应性。

曲柄-等距固接双连杆机构的其他零部件，比如在 МБ 型发动机中使用的活塞连接杆、导轨、曲柄，或 OM-127PH 和 M-127 发动机中央驱动曲柄，具有低的弹性顺应性，作为一项规则，可以假设为绝对刚性来计算。

从分析的角度来看，曲轴的弹性变形计算不够准确，因此，在计算曲柄-等距固接双连杆机构单个刚性曲轴部分的动力学后，需要通过试验最终确定。

计算 X_i 以评估运动副间隙的影响更困难。显然，与变形相比，运动副间隙越小，它们的影响就越小。

然而，即使有很大的运动副间隙，由于轴承中总是有油膜，所以运动副间隙引起的变形将很小，因此，曲轴的任何轻微变形应该在运动副间隙极限内，由于轴承中的颈部偏心率的变化以及油层中流体动压力的相应变化，反作用力会增加。

如同传统曲柄连杆发动机一样，用于确定作用在机构轴承上力的初始数据是机构的平移运动质量和旋转质量的惯性力与燃气压力。

第 5 节　燃气压力

燃气压力，一种是根据热力学计算数据构建的示功图确定的，另一种是从运行的发动机上采集的。

通过公式确定活塞上部燃烧室中的燃气压力：

$$P_{gB} = \frac{\pi}{4} D^2 p_{gB}$$

式中　D——气缸直径，cm；

　　　p_{gB}——活塞上部燃烧室的燃气压强，kg/cm²。

对于具有双作用过程的气缸，活塞下部燃烧室的燃气压力为：

$$P_{gH} = \frac{\pi}{4} (D^2 - d^2) p_{gH}$$

式中　d——活塞连接杆直径，cm；

　　　p_{gH}——活塞下部燃烧室的燃气压强，kg/cm²。

第6节　惯性力与惯性力矩

作用在曲柄-等距固接双连杆机构上的惯性力如图91所示。

基本符号如下：

m_n——一套带两套活塞组的活塞-连接杆的总质量；

m_K——换算到曲轴轴线的曲柄的不平衡质量；

m_{KB}——曲轴的质量；

m_O——换算到点 C 的中央驱动曲柄的不平衡质量；

m_{np}——曲轴配重的质量；

m_{npO}——中央驱动曲柄的配重总质量；

P_{uy}——连接在曲轴一个曲柄销上的平移运动质量沿 Oy 轴线方向的惯性力；

P_{ux}——连接在曲轴一个曲柄销上的平移运动质量沿 Ox 轴线方向的惯性力；

P_{un}——运动质量惯性力的合力；

P_K——一个曲柄不平衡质量相对运动产生的离心力；

P_B——旋转质量在运转过程中产生的离心力的合力；

$P_{n\Sigma}$——机构附加于曲轴主轴承的总惯性力；

P_O——中央驱动曲柄不平衡质量的离心力；

P_{npO}——中央驱动曲柄平衡配重块的离心力；

P_{np}——配重 E 和 O 相对于曲柄销中心的离心力；

M_n——运动质量的惯性力矩；

M_K——曲轴的离心力矩；

M_{np}——配重的离心力矩；

M_i——机构惯性力的总纵向力矩。

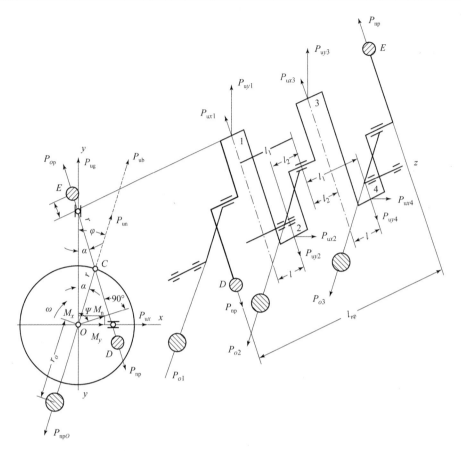

图 91 作用在曲柄－等距固接双连杆机构上的惯性力
1～4——曲柄销的序号

1. 往复运动质量的惯性力和惯性力矩

作用在曲轴曲柄销上的往复运动质量的惯性力 P_{uy}，P_{ux} 如下：

在 $y-y$ 轴方向：

$$P_{uy} = -m_n j_y = -2m_n r\omega^2 \cos\alpha;$$

在 $x-x$ 轴方向：

$$P_{ux} = -m_n j_x = -2m_n r\omega^2 \sin\alpha。$$

由于两个相同的活塞连接杆组沿着 $y-y$ 轴和 $x-x$ 轴同步运动，所以平移运动质量的总惯性力如下：

沿着 $y-y$ 轴：

$$\sum P_{uy} = -4m_n r\omega^2 \cos\alpha;$$

沿着 $x-x$ 轴：

$$\sum P_{ux} = -4m_n r\omega^2 \sin\alpha。$$

ΣP_{uy} 和 ΣP_{ux} 惯性力的合力为：

$$P_{un} = \sqrt{\Sigma P_{uy}^2 + \Sigma P_{ux}^2} = 4m_n r\omega^2 \tag{15}$$

合力矢量的方向由力 ΣP_{uy}，ΣP_{ux}，P_{un} 三角形确定：

$$\tan\varphi = \frac{\Sigma P_{ux}}{\Sigma P_{uy}} = \frac{-4m_n r\omega^2 \sin\alpha}{-4m_n r\omega^2 \cos\alpha} = \tan\alpha \tag{16}$$

从式（15）和式（16）得出：合力 P_{un} 的大小恒定，并且方向总是沿着曲柄 OC 向外。

为了从平移运动质量的惯性力中确定不平衡力矩的大小和作用面，要考虑这些惯性力作用在每个方向上的力矩。

平面 yOz 中的惯性力矩为：

$$M_y = P_{uy1} \cdot l_1 - P_{uy3} \cdot l_2 = P_{uy}(l_1 - l_2)$$

设 $l_1 - l_2 = l$，则

$$M_y = P_{uy} l = -2m_n r\omega^2 \cos\alpha \, l$$

在平面 xOz 中的惯性力矩为：

$$M_x = P_{ux} l = -2m_n r\omega^2 \sin\alpha \, l$$

M_n 由在两个相互垂直的平面上的几何分量来确定：

$$M_n = \sqrt{M_y^2 + M_x^2}$$

将 M_y 和 M_x 的值代入表达式，得到

$$M_n = 2m_n r\omega^2 l \tag{17}$$

力矩矢量 $\boldsymbol{M}_n$ 的方向与轴线 Oy 之间的角度的正切为：

$$\tan\psi = \frac{M_y}{M_x} = \frac{-2m_n r\omega^2 \cos\alpha \, l}{-2m_n r\omega^2 \sin\alpha \, l} = \tan(90° - \alpha) \tag{18}$$

从式（17）和式（18）得出，力矩 M_n 的大小总是恒定的，其作用平面正巧与曲轴平面重合，并与之一起旋转。

2. 曲轴转动质量的惯性力及其力矩

曲轴平面的运动复杂，可分为绕点 O 的公转与绕点 C 的自转的合成运动，其惯性力可以分为牵连运动的惯性力和相对运动的惯性力，如同速度和加速度。

在牵连的旋转运动中，与点 C 一起，轴和相关配重的所有点以相同的角加速度运动，从而可以将其整个质量集中在主轴颈的轴线上。曲轴在牵连运动中的惯性力的大小为：

$$P_B = (m_{KB} + 2m_{np}) r\omega^2$$

方向沿着曲柄 OC 的半径方向向外。

在围绕主轴颈轴线即围绕点 C 的相对旋转运动中，离心力由曲轴曲柄（曲柄销和曲柄臂）的不平衡质量产生。确定曲柄质量 m_K 的大小的方法与用于传统曲柄连杆机构发动机动力学的没有区别。每个曲柄的离心力为：

$$P_K = m_K r\omega^2$$

曲轴所有轴柄的离心力的总和为零,因为曲柄相对于曲轴主轴颈的轴线对称,但每对相邻曲柄相对,会产生力矩:

$$M_K = P_K l = m_K r\omega^2 l$$

其中 l 是垂直气缸轴线和水平气缸轴线之间的距离。

这个力矩作用于曲轴平面。

对于有两对曲柄销相同布置的四曲柄曲轴,有:

$$M_B = 2M_K = 2m_K r\omega^2 l$$

第7节 惯性力的合成和力矩的合成及其平衡

以下分析曲柄-等距固接双连杆机构的惯性力合成。

平面运动质量惯性力合力的大小 P_{un} 是不变的,方向指向径向延伸的曲柄 OC(图91),其力矩 M_n 作用于曲轴平面内。

带有配重 B 与 E 的曲轴质量的旋转惯性力也是恒定的,合力为 P_B,指向径向延伸的曲柄 OC 方向,其力矩 M_B 作用于曲轴平面。

还有必要计算中央驱动曲柄(曲轴 OC)的不平衡质量产生的离心力 P_O,该离心力大小恒定,为:

$$P_O = m_O r\omega^2$$

方向指向径向延伸的曲柄 OC。

总结同一方向的力及其作用在一个平面内的力矩,得到:

施加到曲轴主轴颈并且沿半径指向曲柄 OC 的总惯性力 $P_{u\Sigma}$,其值恒定,为:

$$P_{u\Sigma} = P_{un} + P_B = (4m_n + m_{KB} + 2m_{np})r\omega^2$$

施加于中央驱动曲柄轴承的总惯性力 ΣP_u 为:

$$\Sigma P_u = P_{u\Sigma} + P_O = (4m_n + m_{KB} + 2m_{np} + m_O)r\omega^2$$

作用在曲轴平面内的总纵向力矩 M_j 的值是恒定的,为:

$$M_j = M_n + M_B = 2(m_n + m_K)r\omega^2 l$$

为了平衡合力 ΣP_u,有必要将配重放置在中央驱动曲柄上,其离心力的大小相等而方向相反。如果配重的质心与中央驱动曲柄轴线的距离为 r_O,则它们的离心力为:

$$P_{npO} = m_{npO} r_O \omega^2$$

这个质量的大小由方程 $P_{npO} = \Sigma P_u$ 决定:

$$m_{npO} = \frac{(4m_n + m_{KB} + 2m_{np} + m_O)r}{r_O}$$

为了平衡力矩 M_j,必须在曲轴的两端在曲柄平面上布置两个配重 D 和 E,

使它们的离心力产生力矩 M_{np} 与力矩 M_j 大小相等且方向相反。

如果每个配重的质量为 m_{np}，质心与支撑轴颈的轴线的距离（与点 C 的距离）为 $d = r + e$，配重之间的距离为 l_{np}，则

$$M_{np} = m_{np}(r+e)\omega^2 l_{np}$$

配重的重量由条件 $M_{np} = M_j$ 确定：

$$m_{np} = \frac{2(m_n + m_K)rl}{(r+e)l_{np}}$$

结构上，配重布置于曲轴两端的主轴颈外侧、与曲轴主轴颈同轴的耳轴上，并将它们连接到曲轴主轴颈上。这样配重与曲轴一起进行复杂的运动，它们的总惯性力等于相对运动力 P_{np} 和牵连运动力 P_W 的几何和（图92）。

力 P_W 的方向平行于半径 OC，不通过与配重连接的主轴颈的轴线 C，因此产生扭转弹性扭矩：

$$M_T = T(r+e)\omega^2$$

这里 $T = P_W \sin2\alpha = m_{np}r\omega^2\sin2\alpha$，为力 P_W 的切向分量。

配重轴承的负载力为：

$$R = P_{np} + R_W,$$

这里 $R_W = P_W\cos2\alpha = m_{np}r\omega^2\cos2\alpha$，为力 P_W 的径向分量。

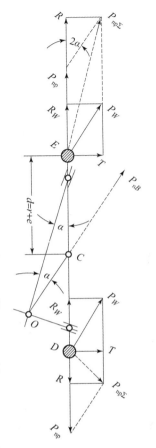

图92 在牵连运动和相对运动中配重的惯性力

配重 D 和 E 可以位于同步连接轴的端部，以与曲轴相同的方向旋转，但只有当连接轴的旋转速度等于 ω_C 时才行。

从上述说明可以看出，在曲柄-等距固接双连杆机构发动机的任何布局下，惯性力及其力矩可以通过简单的结构来平衡，这是曲柄-等距固接双连杆机构比传统曲柄连杆机构好的地方，无须使用任何特殊的平衡装置就可以完全平衡惯性力及其力矩。

第8节 确定导向反作用力的方程

相对于曲轴轴线的所有力 X_i 的力矩为零，静力学只给出一个关系式，而未知反作用力的数量常常大于1。例如，在图90中，根据曲柄销数量，未知反作用力的数量为4。

在这个方案和其他类似方案的计算中,要分析系统的变形,确定缺少的反作用力之间的关系式。

下面给出方程组的一个推导,通过这些方程可以确定反作用力 $X_i = f(\alpha)$,对于以下情况:

(1) 带有 2 个和 3 个中央驱动曲柄的连续弹性曲轴;

(2) 分体弹性曲轴;

(3) 分体的刚性曲轴,

用于确定反作用力 X_i 的方案如图 93 所示。

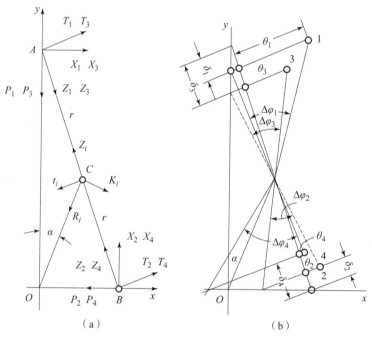

图 93　确定导向块反作用力的计算方案

基本符号如下:

曲柄销的编号对应于图 90。曲柄销的编号数通常由 i 表示。

P_{gi}——第 i 个曲柄销上的燃气压力;

P_{ui}——运动质量的惯性力;

P'_{ui}——曲轴旋转质量惯性力在气缸轴线上的投影;

$P_i = P_{gi} + P_{ui}$——沿着气缸轴线作用在第 i 个曲柄销上的总力;

P'_i——沿着气缸轴线作用在第 i 个曲柄销上的力,该力考虑了质量块移动和旋转的惯性力,如果 P_i, P_{gi}, P_{ui}, P'_i 的方向与轴的正方向相反,则它们将被视为正;

X_i——反作用力的方向,如果它们的方向与坐标轴的正方向一致,将认为它们是正的;

Z_i——作用于曲柄方向的力,如果力压缩相应的曲柄,将假设这个力为正;

Z'_{01},Z'_{02}——对双中央驱动曲柄的曲轴,力 Z_i 在端点支撑轴承的反作用力;

Z_{01},Z_{02}——对三中央驱动曲柄的曲轴,力 Z_i 在端点支撑轴承的反作用力;

Z_0——力 Z_i 在曲轴中间支撑的反作用力;

T_i——垂直作用于轴线 ACB 的力,如果这个力相对于点 C 产生一个逆时针方向的力矩,则定义它是正的;

T'_{01},T'_{02}——双中央驱动曲柄曲轴上来自力 T_i 对端点支撑轴承的反作用力;

T_{01},T_{02}——三中央驱动曲柄曲轴上来自力 T_i 对端点支撑的反作用力;

T_0——力 T_i 在曲轴中间支撑上产生的反作用力;

E——第一类弹性模量;

G——第二类弹性模量;

δ_i——在外力作用下,第 i 个曲柄销的径向变形量;

θ_i——在外力作用下第 i 个曲柄销的切向变形量,如果线性变形 δ_i 和 θ_i 的方向与力 Z_i 和 T_i 的正方向一致,将被认为是正的。

图 93 中所示的力和应变是正的方向。

对于具有 2 个和 3 个中央驱动曲柄支撑的连续弹性曲轴,从力 P_i 和 X_i 相对于点 C [图 93(a)] 的力矩等于零,有

$$(X_1 + X_3)\cos\alpha - (X_2 + X_4)\sin\alpha = (P_1 + P_3)\sin\alpha - (P_2 + P_4)\cos\alpha \quad (19)$$

剩余的 3 个确定反作用力的方程式必须从变形系统研究获得。

力 P_i 和 X_i 使曲轴变形,引起曲柄销的径向变形量 δ_i 和切向变形量 θ_i。

在图 93 中,B 表示变形曲柄销的中心位置,所有的位移都聚集在正向,而这个曲柄销原来在自己的方向与位置上。

将曲轴变成一个刚性整体,而不改变其弹性线,以便第一个曲柄销的中心位于轴线 Oy 上。$\Delta\varphi_1$ 的值通过以下公式以足够的准确度进行实践确定:

$$\Delta\varphi_1 = \frac{\delta_1\tan\alpha + \theta_1}{r}$$

曲轴应该拧转一个角度,使第三曲柄销的中心落在轴线 Oy 上:

$$\Delta\varphi_3 = \frac{\delta_3\tan\alpha + \theta_3}{r}$$

旋转的角度 $\Delta\varphi_1$ 和 $\Delta\varphi_3$ 必须相等,否则结果是当第一曲柄销的中心位于轴线 Oy 上时,第三曲柄销的中心落在轴线 Oy 之外(在没有间隙的情况下,这是不可能的)。

第一个变形方程为:

$$(\delta_1 - \delta_3)\tan\alpha + (\theta_1 - \theta_3) = 0 \quad (20)$$

如果角度 $\Delta\varphi_2$ 等于角度 $\Delta\varphi_4$,则第二和第四曲柄销的中心将同时落在轴线

Ox 上：

$$\Delta\varphi_2 = \frac{\delta_2 \arctan\alpha + \theta_2}{r};$$

$$\Delta\varphi_4 = \frac{\delta_4 \arctan\alpha + \theta_4}{r}$$

因此获得了第二个变形方程：

$$(\delta_2 - \delta_4)\arctan\alpha + (\theta_2 - \theta_4) = 0 \tag{21}$$

在第一和第三曲柄销的中心位于 Oy 轴上，第二和第四曲柄销的中心同时落在 Ox 轴上的条件下，可以得到系统的第三变形方程：

$$\begin{aligned}\Delta\varphi_1 + \Delta\varphi_2 &= 0;\\ \Delta\varphi_1 + \Delta\varphi_4 &= 0;\\ \Delta\varphi_3 + \Delta\varphi_4 &= 0;\\ \Delta\varphi_3 + \Delta\varphi_2 &= 0\end{aligned} \tag{22}$$

在解决方案中写出的四个等式（22）中，只有一个必须使用，因为如果其中一个满足，那么其他3个也满足。

例如，假设：

$$\Delta\varphi_1 + \Delta\varphi_4 = 0$$

获得第三个变形方程 [图 93 (b)]：

$$\delta_1 \tan\alpha + \delta_4 \arctan\alpha + \theta_1 + \theta_4 = 0 \tag{23}$$

式（20）、式（21）和式（23）中的挠度 δ_i 与 θ_i 可以很容易地通过作用于曲柄销的径向力 Z_i 和切向力 T_i 表示。

在施加于第 j 曲柄销的单位力作用下，第 i 曲柄销的径向偏移量通过 a_{ij} 表示为：

$$\delta_i = a_{i1}Z_1 + a_{i2}Z_2 + a_{i3}Z_3 + a_{i4}Z_4$$

这里，$i = 1, 2, 3, 4$。

切向变形量 $\theta_1 - \theta_3$，$\theta_2 - \theta_4$，$\theta_1 + \theta_4$ 的差值和总和可以表示为切向力 T_i 的线性函数，即

$$\begin{aligned}\theta_1 + \theta_4 &= b_1 T_1 + b_2 T_2 + b_3 T_3 + b_4 T_4;\\ \theta_1 - \theta_3 &= c_1 T_1 + c_2 T_2 + c_3 T_3 + c_4 T_4;\\ \theta_2 - \theta_4 &= c_1' T_1 + c_2' T_2 + c_3' T_3 + c_4' T_4\end{aligned}$$

在式（20）、式（21）和式（23）中代入值 θ_i，$\theta_1 - \theta_3$，$\theta_2 - \theta_4$ 与 $\theta_1 + \theta_4$，获得：

$$\begin{aligned}\tan\alpha \sum_{j=1,2,3,4} Z_j(a_{1j} - a_{3j}) + \sum_{j=1,2,3,4} c_j T_j &= 0;\\ \arctan\alpha \sum_{j=1,2,3,4} Z_j(a_{2j} - a_{4j}) + \sum_{j=1,2,3,4} c_j' T_j &= 0;\\ \tan\alpha \sum_{j=1,2,3,4} a_{1j} Z_j + \arctan\alpha \sum_{j=1,2,3,4} a_{4j} Z_j + \sum_{j=1,2,3,4} b_j T_j &= 0\end{aligned} \tag{24}$$

力 Z_j 和 T_j 的分量可以很容易地用力 P_j 和 X_j 来表示 [图 93 (a)]：

$$Z_1 = P_1\cos\alpha + X_1\sin\alpha;$$
$$Z_2 = P_2\sin\alpha + X_2\cos\alpha;$$
$$Z_3 = P_3\cos\alpha + X_3\sin\alpha;$$
$$Z_4 = P_4\sin\alpha + X_4\cos\alpha;$$
$$T_1 = X_1\cos\alpha - P_1\sin\alpha;$$
$$T_2 = X_2\sin\alpha - P_2\cos\alpha;$$
$$T_3 = X_3\cos\alpha - P_3\sin\alpha;$$
$$T_4 = X_4\sin\alpha - P_4\cos\alpha \tag{25}$$

代入消除方程组（24）中的力 Z_j 和 T_j，在变换后，获得 4 个方程，包括式（19），从中可以确定导向的反作用力：

$$(X_1 + X_3)\cos\alpha - (X_2 + X_4)\sin\alpha = (P_1 + P_3)\sin\alpha - (P_2 + P_4)\cos\alpha;$$

$$X_1(\alpha_1\sin^2\alpha + c_1\cos^2\alpha) + X_2\sin\alpha\cos\alpha(a_2 + c_2) + X_3(a_3\sin^2\alpha + c_3\cos^2\alpha) + X_4\sin\alpha\cos\alpha(a_4 + c_4)$$
$$= P_1\sin\alpha\cos\alpha(c_1 - a_1) + P_2(c_2\cos^2\alpha - a_2\sin^2\alpha) + P_3\sin\alpha\cos\alpha(c_3 - a_3) + P_4(c_4\cos^2\alpha - a_4\sin^2\alpha);$$

$$X_1\sin\alpha\cos\alpha(a_1' + c_1') + X_2(a_2'\cos^2\alpha + c_2'\sin^2\alpha) + X_3\sin\alpha\cos\alpha(a_3' + c_3') + X_4(a_4'\cos^2\alpha + c_4'\sin^2\alpha)$$
$$= P_1(c_1'\sin^2\alpha - a_1'\cos^2\alpha) + P_2\sin\alpha\cos\alpha(c_2' - a_2') + P_3(c_3'\sin^2\alpha - a_3'\cos^2\alpha) + P_4\sin\alpha\cos\alpha(c_4' - a_4');$$

$$X_1[a_{11}\sin^2\alpha + (a_{41} + b_1)\cos^2\alpha]\sin\alpha + X_2\cos\alpha[(a_{12} + b_2)\sin^2\alpha + a_{42}\cos^2\alpha] + X_3\sin\alpha[(a_{13}\sin^2\alpha + (a_{43} + b_3)\cos^2\alpha] + X_4\cos\alpha(a_{14}\sin^2\alpha + b_4\sin^2\alpha + a_{44}\cos^2\alpha)$$
$$= P_1\cos\alpha[(b_1 - a_{11})\sin^2\alpha - a_{41}\cos^2\alpha] + P_2\sin\alpha[(b_2 - a_{42})\cos^2\alpha - a_{12}\sin^2\alpha] + P_3\cos\alpha[(b_3 - a_{13})\sin^2\alpha - a_{43}\cos^2\alpha] + P_4\sin\alpha[(b_4 - \alpha_{44})\cos^2\alpha - a_{14}\sin^2\alpha] \tag{26}$$

这里：
$$a_1 = a_{11} - a_{31}, \quad a_1' = a_{21} - a_{41};$$
$$a_2 = a_{12} - a_{32}, \quad a_2' = a_{22} - a_{42};$$
$$a_3 = a_{13} - a_{33}, \quad a_3' = a_{23} - a_{43};$$
$$a_4 = a_{14} - a_{34}, \quad a_4' = a_{24} - a_{44} \tag{27}$$

方程组（26）对于双驱动曲柄曲轴和三驱动曲柄支撑曲轴都是有效的，因为中间驱动曲柄支撑只影响系数的数值。

影响系数 a_{ij}，b_i，c_i，c_i' 的确定见本章第 9 节。

驱动曲柄的反作用力组成部分很有趣：R_i 指向于 OC 半径，K_i 垂直于 OC 半径（图 93）。

如果反作用力 R_i 指向中心 O，假设其为正，而 K_i 指向曲柄 OC 的旋转方向，为正。

反作用力 R_i 和 K_i 由以下公式确定：

$$R_i = Z_i \cos 2\alpha + t_i \sin 2\alpha;$$
$$K_i = Z_i \sin 2\alpha + t_i \cos 2\alpha \tag{28}$$

对于分体弹性曲轴，曲轴的前半部分未知反作用力 X_1 和 X_2 由以下方程组确定：

$$X_1 \cos\alpha - X_2 \sin\alpha = P_1 \sin\alpha + P_2 \cos\alpha;$$
$$\delta_1 \tan\alpha + \theta_1 + \delta_2 \arctan\alpha + \theta_2 = 0$$

第一个方程是从相对于点 C 的力矩为零得到的（参见图93），第二个方程是从变形状态得到的。

通过分量 a_i、Z_i 和 T_i 表示挠度 δ_1、δ_2 和 θ_1、θ_2：

$$\delta_1 = a_{11} Z_1 + a_{12} Z_2;$$
$$\delta_2 = a_{21} Z_1 + a_{22} Z_2;$$
$$\theta_1 + \theta_2 = b_1 T_1$$

使用式（25），在转换之后可获得：

$$X_1 \cos\alpha - X_2 \sin\alpha = P_1 \sin\alpha - P_2 \cos\alpha;$$
$$X_1 \sin\alpha [a_{11} \sin^2\alpha + (a_{21} + b_1) \cos^2\alpha] + X_2 \cos\alpha (a_{12} \sin^2\alpha + a_{22} \cos^2\alpha) + \tag{29}$$
$$P_1 \cos\alpha [(a_{11} - b_1) \sin^2\alpha + a_{21} \cos^2\alpha] + P_2 \sin\alpha (a_{12} \sin^2\alpha + a_{22} \cos^2\alpha) = 0$$

类似的公式对于曲轴的第二部分也是有效的。

式（29）中系数 a_{ij} 和 b_i 的值与式（26）中的系数不同。

对于分段的刚性曲轴，只在曲轴有中间驱动曲柄支撑时才能找到导向反作用力。在这种情况下，支撑的反作用力该垂直于径向 OC（图93）。

因此，在 OC 的半径方向上的力 X_1、X_2、P_1 和 P_2 之合力的投影为零，或

$$(X_2 - P_1) \cos\alpha + (X_1 - P_2) \sin\alpha = 0 \tag{30}$$

$$X_1 \sin\alpha - X_2 \cos\alpha = P_1 \cos\alpha + P_2 \sin\alpha$$

从所有力相对于点 C 的力矩为零有：

$$X_1 \cos\alpha - X_2 \sin\alpha = P_1 \sin\alpha - P_2 \cos\alpha \tag{31}$$

解式（30）和式（31），得到：

$$X_1 = P_1 \sin 2\alpha - P_2 \cos 2\alpha;$$
$$X_2 = P_1 \cos 2\alpha + P_2 \sin 2\alpha$$

X_3 和 X_4 也可以类似地写成公式：

$$X_3 = P_3 \sin 2\alpha - P_4 \cos 2\alpha;$$
$$X_4 = P_3 \cos 2\alpha + P_4 \sin 2\alpha$$

第9节 影响系数 a_{ij}、b_i、c_i、c_i' 的确定

知道曲轴零件惯性力矩的真实值，可以确定式（26）和式（29）中的影响系数。

1. 双驱动曲柄支撑曲轴的影响系数

根据位移相关性，有：

$$a_{12} = a_{21}, \quad a_{13} = a_{31}, \quad a_{14} = a_{41}, \quad a_{23} = a_{32}, \quad a_{24} = a_{42}, \quad a_{34} = a_{43}$$

另外，由曲轴相对于中间平面的平衡性，有：

$$a_{11} = a_{44}, \quad a_{22} = a_{33}, \quad a_{12} = a_{43}$$

因此

$$\begin{aligned} & a_{11} = a_{44}, \quad a_{12} = a_{21} = a_{43} = a_{34}, \\ & a_{13} = a_{31} = a_{24} = a_{42}, \quad a_{14} = a_{41}, \\ & a_{22} = a_{33}, \quad a_{23} = a_{32} \end{aligned} \tag{32}$$

因此，如果能找到系数其中的 6 个，即 a_{11}、a_{12}、a_{13}、a_{14}、a_{22}、a_{23}，则可确定该类型 a_{ij} 的所有影响系数。

单位力施加于双驱动曲柄支撑曲轴的每个曲柄销中间径向单位力产生的弯矩图如图 94 所示。

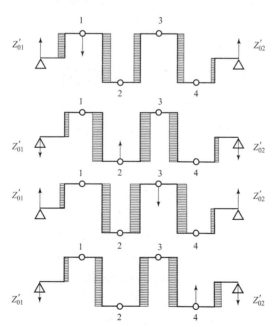

图 94 施加于双驱动曲柄支撑曲轴的每个曲柄销中间径向单位力产生的弯矩图
（a）～（b）—第一、第二、第三和第四曲柄销；
1～4—曲柄销序号数

所有系数 a_{ij} 是通过将一个图线与另一个相乘来确定的。

当曲轴部件的惯性力矩开展图乘时，其数据来自试验，试验时发动机带负荷，实际的曲轴因加载而变形。

为了找到式（26）的系数 b_i、c_i 和 c_i'，将切向力 T_1'、T_2'、T_3' 和 T_4' 应用于曲轴的曲柄销。由轴的平衡条件，可以写出如下关系：

$$T_1' - T_2' + T_3' - T_4' = 0$$

由切向力引起的双驱动曲柄曲轴的弯矩和扭矩图如图 95（a）所示。

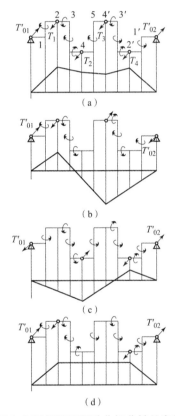

图 95　由切向力引起的双驱动曲柄曲轴的弯矩和扭矩图
(a) T_i；(b) 第一和第三连杆轴颈；(c) 第二和第一连杆轴颈；(d) 第一和第四连杆轴颈

在这些曲线图中，曲轴不同的截面上的力矩用切向力及支撑轴承的反作用力 T_{01}' 和 T_{02}' 来表示。

为了确定系数 c_i（$i = 1, 2, 3, 4$），两个直接相对的单位力同时施加到第一和第三连杆轴颈。图 95（b）为来自一对单位力产生的弯矩和扭矩图。

图 95（a）的图线乘以图 95（b）的图线，获得：

$$E(\theta_1 - \theta_3) = E(c_1 T_1' + c_2 T_2' + c_3 T_3' + c_4 T_4')$$

为了确定系数 c_i'，在第二和第四曲柄销中心施加两个相反方向的单位力，绘制产生的弯矩和扭矩图如图95（c）所示。

图95（a）的图线乘以图95（b）的图线，得到：
$$-E(\theta_2 - \theta_4) = -E(c_1'T_1' + c_2'T_2' + c_3'T_3' + c_4'T_4')$$
系数 b_i 通过图95（a）的图线乘以图95（d）的图线来确定：
$$E(\theta_2 - \theta_4) = E(b_1T_1' + b_2T_2' + b_3T_3' + b_4T_4')$$

2. 三驱动曲柄曲轴的影响系数

曲柄平面中的影响系数首先针对没有中间驱动曲柄支撑的情况确定。

用 a_{ij}' 表示它们，系数 a_{11}' 就是通过图96（a）的图线自乘来确定的。系数 a_{12} 由图96（a）和（b）的图线相乘得到；系数 a_{13}' 由图96（a）和（c）的图线相乘得到；系数 a_{14}' 由图96（a）和（d）的图线相乘得到；系数 a_{22}' 由图96（b）的图线自乘得到；系数 a_{23}' 由图96（b）和（c）的图线相乘得到。

为了考虑中间驱动曲柄支撑，将单位力施加到曲轴的中间主轴颈。中间主轴颈的挠度由 a_{i5} （$i = 1, 2, 3, 4$）表示，曲轴中间的挠度为 a_{55}'。

由于曲轴的平衡性，有：
$$a_{15}' = a_{45}', \quad a_{25}' = a_{35}'$$

通过图96（d）的图线自乘来得到系数 a_{55}'；系数 a_{15}' 由图96（a）和（d）的图线相乘得到；系数 a_{25}' 由图96（d）和（b）的图线相乘得到。

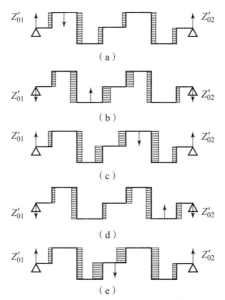

图96　三主轴承曲轴径向单位力的弯矩图
（a）～（e）—第一、第二、第三、第四曲柄销和中间支撑轴颈

如果将中间驱动曲柄的反作用力 Z_0 的方向向上定义为正方向，那么有：
$$Z_0 = \frac{1}{a_{55}'}(a_{15}'Z_1 + a_{25}'Z_2 - a_{25}'Z_3 - a_{15}'Z_4) \tag{33}$$

如果有中间驱动曲柄轴承，影响系数就会有如下形式：

$$a_{11} = a'_{11} - \frac{(a'_{55})^2}{a'_{55}}, \quad a_{12} = a'_{12} - \frac{a'_{15}a'_{25}}{a'_{55}}, \quad a_{13} = a'_{13} + \frac{a'_{15}a'_{25}}{a'_{55}},$$

$$a_{14} = a'_{14} + \frac{(a'_{55})^2}{a'_{55}}, \quad a_{22} = a'_{22} - \frac{(a'_{25})^2}{a'_{55}}, \quad a_{23} = a'_{23} + \frac{(a'_{25})^2}{a'_{55}} \quad (34)$$

从式（27）与式（32）得：

$$a_1 = a_{11} - a_{31}, \quad a_2 = a_{12} - a_{32}, \quad a_3 = a_{13} - a_{33}, \quad a_4 = a_{14} - a_{34},$$
$$a'_1 = a_{21} - a_{41}, \quad a'_2 = a_{22} - a_{42}, \quad a'_3 = a_{23} - a_{43}, \quad a'_4 = a_{24} - a_{44}$$

中间驱动曲柄的反作用力 T_0 是由于 T_i 产生的，要从作用力 T_1、T_2、T_3、T_4 所产生挠度的消除条件下找。对于这种三主轴颈曲轴，由 T_i 产生的弯矩和扭矩图如图97（a）所示，单位力产生的弯矩与扭矩图如图97（b）所示。

图97（b）的图线自乘，得到单位力作用于中间主轴颈时，在中间主轴颈产生的挠度 δ_B，通过图97（a）和（b）的图线相乘，三主轴承曲轴由于力系 $\sum T_i$ 在中间主轴颈上产生的挠度为 $\delta_{B\sum T_i}$。

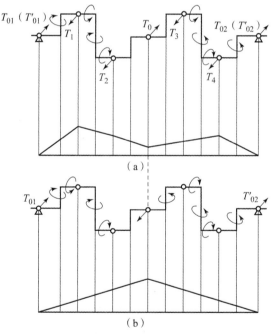

图97 三主轴颈曲轴由切向力产生的弯矩和扭矩图
（a）T_i；（b）施加在中间主轴颈的单位力

由于各力作用而在中间轴颈上产生的反作用力为：

$$T_0 = \frac{-\delta_{B\sum T_i}}{\delta_B} \quad (35)$$

对双驱动曲柄曲轴替换三驱动曲柄曲轴时，要确定系数 c_i、c'_i 和 b_i，要考虑：双驱动曲柄曲轴除了力系 $\sum T_i$ 外，还有中间驱动曲柄的反作用力 T_0。

这样，曲轴端部主轴颈轴承的反作用力为：

$$T_{01} = T'_{01} - \frac{T_0}{2} \tag{36}$$

$$T_{02} = T'_{02} - \frac{T_0}{2} \tag{37}$$

因此，三主轴承曲轴来自力系 $\sum T_i$ 产生的弯矩和扭矩图将与图 97（a）相同。如果端部主轴颈轴承的反作用力等于 T_{01} 与 T_{02}（而不是 T'_{01} 和 T'_{02}），除力系 $\sum T_i$ 外，还将在曲轴上施加力 T_0。

为了确定曲轴第一、第三曲柄销挠度 θ_1 和 θ_3，将相反方向的单位力施加到对应的两个轴颈上。单位力产生的弯矩和扭矩图如图 98 所示。

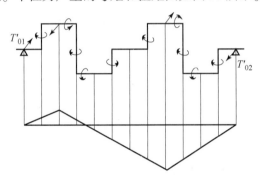

图 98　根据在中间第一、第三曲柄销施加单位切向力
得出的三主轴颈曲轴弯矩和扭矩图

图 98 的图线乘以图 97（a）的图线，得到 $E(\theta_1 - \theta_3)$ 的值。

为了确定曲轴第二、第四曲柄销挠度 $\theta_2 - \theta_4$，将相反方向的单位力施加到对应的两个轴颈。这些力的产生的弯矩和扭矩图如图 99 所示。

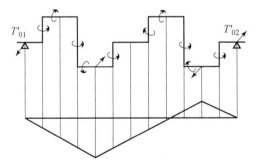

图 99　由施加切向单位力到三主轴颈曲轴第二和
第四曲柄销中部而产生的弯矩和扭矩图

通过式（36）和式（37）消除反作用力 T_{01} 和 T_{02} 后，最终获得：

$$-E(\theta_2 - \theta_4) = -(c'_1 T_1 + c'_2 T_2 + c'_3 T_3 + c'_4 T_4)E$$

为了确定 $E(\theta_1 - \theta_4)$，两个相同方向的单位力施加到曲轴的第一、第四曲柄销上。

这些单位力产生的弯矩和扭矩图如图 100 所示。

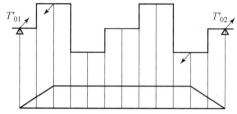

图 100　由施加切向单位力到三主轴颈曲轴第一和第四曲柄销中央产生的弯矩和扭矩图

图 100 的图线乘以图 97（a）的图线，得到：
$$E(\theta_1 - \theta_4) = E(b_1 T_1 + b_2 T_2 + b_3 T_3 + b_4 T_4)$$

3. 三主轴颈分体曲轴的影响系数

针对这种情况的规范方程，式（29）包括以下影响系数：a_{11}，$a_{12} = a_{21}$，a_{22}，b_1。

图 101 为分体曲轴第一、二曲柄销上产生的弯矩和扭矩图。单位力分别作用于曲轴曲柄平面 [图 101（a）与（b）] 以及垂直作用于曲柄平面 [图 101（c）]：
$$E(\theta_1 - \theta_4) = E(b_1 T_1 + b_2 T_2 + b_3 T_3 + b_4 T_4)$$

系数 a_{11} 是通过图 101（a）的图线自乘求出的；系数 a_{12} 是通过图 101（a）的图线乘以图 101（b）的图线求出的；系数 a_{22} 是通过图 101（b）的图线乘以图 101（b）的图线求出的；系数 b_1 是通过图 101（a）的图线乘以图 101（c）的图线求出的。

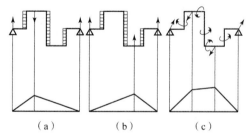

图 101　施加在第一、第二曲柄销上的单位力产生的弯矩和扭矩图
(a)、(b) 单位力方向为径向；(c) 单位力方向为切向

第 10 节　发动机的扭矩

将所有力 P_i 与 X_i 转移到点 C（见图 93），并将它们投影到垂直于 OC 半径的方向上。

投影的总和为：
$$T_{pe3} = (X_1 + X_3 - P_2' - P_4')\cos\alpha - (X_2 + X_4 - P_1' - P_3')\sin\alpha$$
由于所有力相对于点 C 的力矩为零，有：
$$(P_1' + P_3')\sin\alpha - (P_2' + P_4')\cos\alpha - (X_1 + X_3)\cos\alpha + (X_2 + X_4)\sin\alpha = 0$$
则
$$(X_1 + X_3)\cos\alpha - (X_2 + X_4)\sin\alpha = (P_1' + P_3')\sin\alpha - (P_2' + P_4')\cos\alpha$$
使用这个关系，可以得到：
$$T_{pe3} = 2(P_1' + P_3')\sin\alpha - 2(P_2' + P_4')\cos\alpha$$
力 $P_i' = P_{gi} + P_{ui} + P_{ui}'$，如本章第 7 节所描述，总惯性力 $P_{u\Sigma}$ 总是沿曲柄 OC 的指向，其垂直于 OC 的投影为零。在此基础上，可知：
$$T_{pe3} = 2(P_{g1} + P_{g3})\sin\alpha - 2(P_{g2} + P_{g4})\cos\alpha \tag{38}$$
因此发动机扭矩为：
$$M = T_{pe3} \cdot r = 2r\left[(P_{g1} + P_{g3})\sin\alpha - (P_{g2} + P_{g4})\cos\alpha\right] \tag{39}$$

第 6 章给出了一个确定力和反作用力的例子。该例子的条件为曲柄 - 等距固接双连杆机构发动机中的曲轴为三主轴颈连续弹性曲轴。

第 11 节　运动副上作用力的简化方法

由外力引起的机构加载的计算方案与图 90 所示相同。

从图中可以看出，曲轴的每个曲柄销及其轴承都承受了一定的力：
$$P_{ui} = \sqrt{X_i^2 + P_i^2}$$
式中　P_i——沿气缸轴线方向作用于第 i 曲柄销的合力，不考虑轴本身质量惯性力；

X_i——作用于第 i 个曲柄滑块对应导轨的反作用力。

力 P_i 用计算活塞发动机的常用方法确定。求未知的反作用力 X_i 时未考虑滑块和导轨间间隙油膜的承载能力。

为了计算反作用力 X_i，作出以下两个假设：

（1）曲轴和导轨、滑块是绝对刚性的；

（2）对任意角度 α，滑块和导轨之间的压力正常，仅沿其 $y-y$ 或 $x-x$ 轴的一个方向运动，另外，滑块和导轨之间存在间隙。

通过这样的假设，求反作用力 X_i 的问题变得静态稳定。

滑块与导轨的间隙相等，并且气缸夹角 $\gamma = 90°$，发动机每转一圈，作用力与反作用力方向相应地交替变化一次，反作用力 $X_i = f(\alpha)$：在 $0° \leq \alpha < 45°$、$135° < \alpha < 225°$ 和 $315° < \alpha < 360°$ 时，$X_1 \neq 0$，$X_2 = 0$；在 $45° < \alpha < 135°$、$225° < \alpha < 315°$ 时，$X_1 = 0$，$X_2 \neq 0$。

所有力和反作用力 X_i 相对于点 C 的力矩的总和为零，可以得到下列方程式，从中可以确定未知反作用力 X_1 和 X_2：

如果在角度 α 处，对应的 $X_1 \neq 0$，$X_2 = 0$，则
$$X_1 = P_2 - P_1 \tan\alpha;$$

如果在角度 α 处，对应的 $X_1 = 0$，$X_2 \neq 0$，则
$$X_2 = \frac{P_2}{\tan\alpha} - P_1$$

对于气缸夹角 $\gamma = 90°$ 的 X 形发动机，根据这些公式计算出的反作用力 X_1 和 X_2 随转角 α 变化的曲线如图 102 所示。

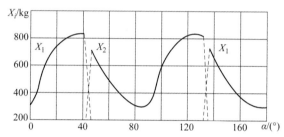

图 102　通过简化方法确定的导轨反作用力与曲柄转角的关系

为了确定在点 C（参见图 93）加载在曲轴主轴颈及轴承上的力，合理利用合力的分力 K_{ui}，其中 R_i 为作用在曲柄 OC 方向的分力，K_i 为垂直于曲柄 OC 轴的分力：

$$K_{ui} = \sqrt{X_i^2 + P_i'^2}$$

其中 P_i' 是考虑了连接杆 ACB 质量的惯性力而计算出的沿着气缸轴线作用于第 i 曲柄销的力。

图 103 所示为 R_i 和 K_i 的作用示意，对应 $X_1 \neq 0$，$X_2 = 0$ 与 $X_2 \neq 0$，$X_1 = 0$ 时 α 的角度。

用已知的 P_i'、X_i 值，R_i 和 K_i 很容易从方程中求出：

对于已知的 α，对应于 $X_1 \neq 0$，$X_2 = 0$，有：
$$K_1 = -X_1\cos\alpha + P_1'\sin\alpha;$$
$$K_2 = -P_2'\cos\alpha;$$
$$R_1 = P_1'\cos\alpha - X_1\sin\alpha;$$
$$R_2 = P_2'\sin\alpha$$

对于已知的 α，对应于条件 $X_1 = 0$，$X_2 \neq 0$，有：
$$K_1 = P_1'\sin\alpha;$$
$$K_2 = -P_2'\cos\alpha - X_2\sin\alpha;$$
$$R_1 = P_1'\cos\alpha;$$
$$R_2 = P_2'\sin\alpha - X_2\cos\alpha$$

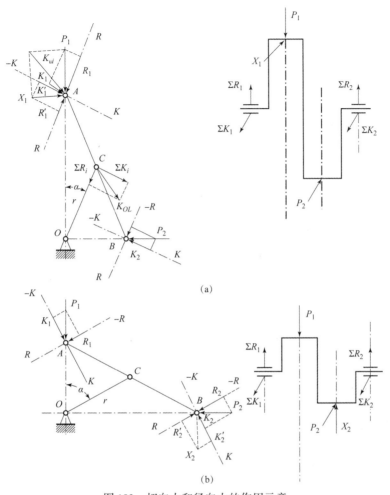

图 103　切向力和径向力的作用示意

(a) 在 $X_2=0$，$X_1 \neq 0$ 时的转角 α 的范围；(b) 在 $X_1=0$，$X_2 \neq 0$ 时的转角 α 的范围

从求出的值 $K_i=f(\alpha)$ 和 $R_i=f(\alpha)$ 中确定施加到与曲柄 OC 的第 i 个点 C 的切向力 $\sum K_i$ 和径向力 $\sum R_i$，然后通过求和得到加载到第 i 曲轴主轴颈及其轴承的作用力 K_{Oi} 的大小和方向：

$$K_{Oi}=\sqrt{\sum K_i^2+\sum R_i^2}$$

利用计算得到的在曲柄 OC 平面和垂直于曲柄平面的分量 R_i 和 K_i，可方便地确定机构各部分的弹性程度，因此，要用弹性系统的方法来计算机构。

力 Z_i 和 T_i 分别是在方向 CA 和 BC 的径向和垂直方向上加载在曲轴曲柄销（图93）上的力，求出 P_i 和反作用力 X_i 在 Z_i 和 T_i 方向的投影。

图104 和图105 是根据近似方法计算出的作用在曲柄－等距固接双连杆机构发动机 M－127 机构的轴承和曲轴轴颈上的力的矢量图。

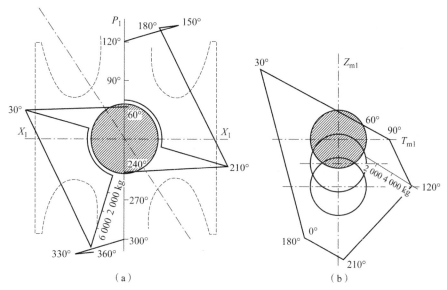

图 104 作用于曲轴曲柄销及轴承力的矢量图
(a) 轴承;(b) 曲柄销

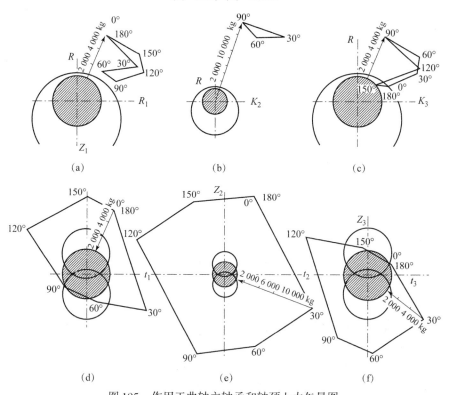

图 105 作用于曲轴主轴承和轴颈上力矢量图
(a) ~ (c) —分别作用在第一、第二和第三主轴承上的力;
(g) ~ (e) —分别作用在第一、第二和第三主轴颈上的力

第四章 曲柄－等距固接双连杆机构发动机研制过程和设计经验

第1节 曲柄－等距固接双连杆机构发动机研发的主要阶段

曲柄－等距固接双连杆机构发动机的研发过程分4个阶段进行。在第一阶段用运动学和动力学完成了对曲柄－等距固接双连杆机构主要特性的理论和试验研究，实现了曲柄－等距固接双连杆机构的最优选择，在试验的内燃机上验证其工作过程与运转性能。

为了测试曲柄－等距固接双连杆机构机制的工作能力和运转性能，在系列化的低功率飞机发动机 M－11 的基础上，最大限度地利用系列化的零件研制曲柄－等距固接双连杆机构发动机 ОМБ，更可信地比较了曲柄－等距固接双连杆机构发动机与传统曲柄连杆机构发动机的优、缺点。

发动机台架试验从各方面令人信服地证明了曲柄－等距固接双连杆机构超高的工作能力、结构方案的正确性和开发这种机构设计原则的正确性。

ОМБ 发动机只用了一个新部件，即曲柄－等距固接双连杆机构，却比传统曲柄连杆机构发动机 M－11 在尺寸、功率密度、效率、可靠性上表现出明显优势，使用寿命高出 10 倍以上。

在第二阶段，基于基本原则研制了第一台原型曲柄－等距固接双连杆机构发动机家族的机型 МБ－4，第一次有效地完成了曲柄－等距固接双连杆机构发动机各方面的试验，积累设计技术和操作经验。

所有 МБ－4 发动机的设计和制造均采用自然进气的气缸单向工作方式，冷却方式为风冷，燃料用化油器向气缸供给。

调试 МБ－4 发动机的过程基本上都是对化油器特性的调试，这确保了从动力性和经济性的角度获得所要求的发动机数据。

在图 106 所示为在曲柄－等距固接双连杆机构发动机 МБ－4 的台架测试中取出的典型特性。

在第三阶段，解决了系列技术问题，包括获得了紧凑的机构，高效的双面工作气缸活塞组，这些技术成果都具有高的可靠性和使用寿命。

在第四阶段，研制了高单位指示功率的曲柄－等距固接双连杆机构发动机。这些指标要在传统曲柄连杆机构发动机上得以实现是无法理解的。

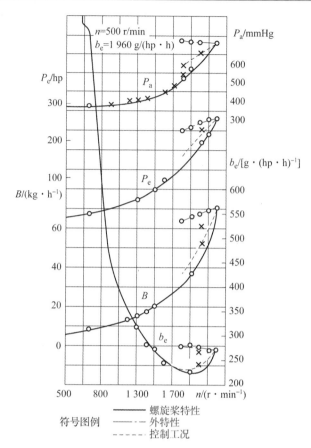

图 106　在曲柄－等距固接双连杆机构发动机 МБ－4 的台架测试中取出的典型特性
（大气压力为 754 mmHg，环境绝对湿度为 8.1 mg/L，环境温度为 9.7 ℃，
汽油在 13 ℃时密度为 0.774 g/cm³）

技术上较复杂和困难的阶段是第三和第四阶段。

同时研制的双作用发动机 OM 127PH 和 M－127 解决了与这些曲柄－等距固接双连杆机构结构与工艺有关的技术问题，还解决了用提高转速和增压来强化航空发动机的问题，没有产生早期研制单向工作曲柄－等距固接双连杆机构发动机和大型船舶和固定式的双作用十字头曲柄连杆机构发动机的问题。

第 2 节　双作用活塞发动机主要零部件的开发与完善

双作用发动机的研制如同低功率单向工作发动机，采用了同步功率导出轴装置引出驱动曲柄功率的曲柄－等距固接双连杆机构结构方案。

在开发合适的发动机气缸体结构时，研究了 3 种主轴颈与曲柄销组合的曲轴：双主轴颈-双曲柄销曲轴［图 107（a）］，类似于先前测试的低功率发动机的曲轴结构；双主轴颈-四曲柄销曲轴［图 107（b）］和三主轴颈-四曲柄销曲轴［图 107（c）］。

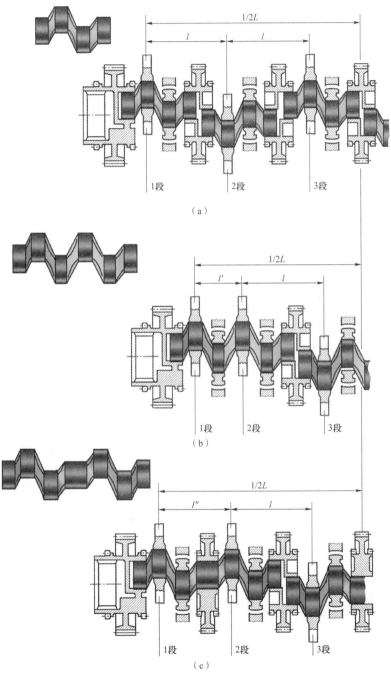

图 107　具有不同主轴颈数目的曲轴组合
（a）双主轴颈-双曲柄销曲轴；（b）双主轴颈-四曲柄销曲轴；（c）三主轴颈-四曲柄销曲轴

比较设计和动力学估计表明，双主轴颈－四曲柄销曲轴机构具有特别紧凑的结构，但是该结构的设计负载在曲轴和机构运动副上分布不好。图 108 所示是 3 种类型的曲轴在燃气对活塞的压力、运动质量的惯性力相等的条件下，活塞连接杆滑块作用于导轨上的压力随中央驱动曲柄转角的变化曲线。

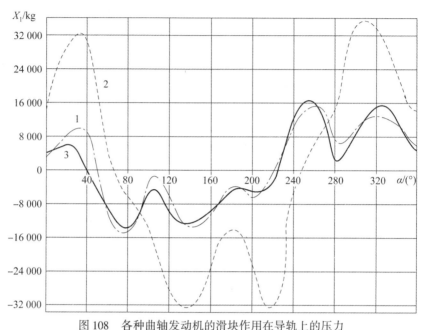

图 108　各种曲轴发动机的滑块作用在导轨上的压力
1—双主轴颈－双曲柄销曲轴；2—双主轴颈－四曲柄销曲轴；3—三主轴颈－四曲柄销曲轴

由图 108 可知，在三主轴颈－四曲柄销曲轴和该机构的运动副上的负载最小，如图 107（a）和（b）所示。

与四曲柄销曲轴［图 107（b）和（c）］相比，双曲柄销曲轴的设计更为复杂，机构更为笨重，而且负载施加在中间过渡位置。

如果曲轴是绝对刚性的，机构部件上的负载将是相同的［图 107（a）和（c）］。

鉴于发动机受力构件承受较小负载是获得减少摩擦磨损、提高经济性、可靠性、延长发动机使用寿命的先决条件，对大功率发动机 OM－127、OM－127PH、M－127 和 M－127K 采用曲柄－等距固接双连杆机构是一个决定性的条件，代表性的方案如图 107（c）所示。

使用曲柄－等距固接双连杆机构单元 ACB（见图 1），三段式布局的大功率曲柄－等距固接双连杆机构发动机 M－127K 的曲轴确定为三主轴颈－四曲柄销曲轴，3 条曲轴的平面互成 120°布置，动力从 7 个中间驱动曲柄的齿轮输出（图 77 和图 89），OM－127PH 发动机的 8 个气缸为 X 形布置，发动机 M－127K 的承力机构是一个由 3 个部分组成的机构（图 60 和图 87）。

OM－127PH 发动机上应用的机构中，导轨反作用力 X_i 随中央驱动曲柄［曲柄见图 107（a）和（b）] 旋转角度 α 的变化关系如图 109 所示；双作用发动机 OM－127PH 和 M－127K 中使用三主轴颈－四曲柄销曲轴［见图 107（c）］，发动机导轨反作用力变化见第六章。

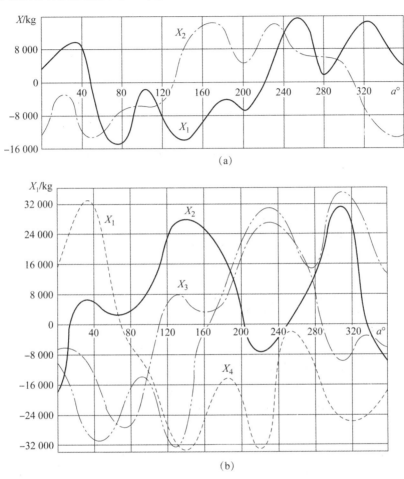

图 109　双主轴颈曲轴发动机导轨上的反作用力随中心驱动曲柄旋转角度的变化关系
（a）双曲柄曲轴；（b）四曲柄曲轴

　　曲柄－等距固接双连杆机构要完成的下一个设计任务是创建互相连接的整个曲轴和一体式活塞连接杆。

　　现有发动机的曲柄连杆机构所采用的，要么是整体曲轴和与可拆卸的连杆，要么是整体连杆与可分解的曲轴。

　　第一台曲柄－等距固接双连杆机构发动机 MБ－4 功率低，人们研制中设计曲柄－等距固接双连杆机构的经验不足，只好根据传统曲柄连杆发动机的范例，设计整体的曲轴和可拆装的活塞连接杆。

　　在后续的研制过程中，人们研制了双作用曲柄－等距固接双连杆机构发动机的整体曲轴和整体的活塞连接杆，可以缩短曲轴主轴颈到连接杆轴颈的距离，这个距离等于活塞行程的1/4。该活塞连接杆轴孔内的轴瓦设计为一对带倾斜面对接的厚壁轴瓦，其轴瓦的对接结合面与轴的夹角为30′±10″，而不是通常的对接面与轴平行。

采用整体曲轴与整体活塞连接杆结构不仅可以简化结构和减少其加工量，而且还可以减小质量，最重要的是可以提高工作的可靠性和耐用性。

随着设计经验的积累，曲柄－等距固接双连杆机构发动机活塞连接杆的设计进化发展过程如图110所示。

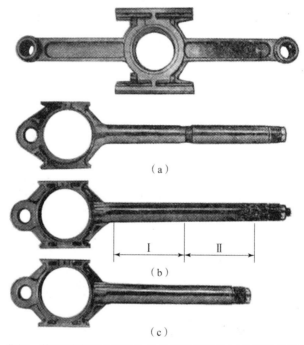

图110　曲柄－等距固接双连杆机构发动机活塞连接杆的设计进化发展过程
(a) ОМБ 和 МБ－4 系列的；(b) OM－127PH 的；(c) M－127K 的
Ⅰ—不进入燃烧室的部分；Ⅱ—进入燃烧室的部分

ОМБ 和 МБ－4 发动机活塞连接杆 [图110 (a)] 的设计在很大程度上反映了飞机发动机传统曲柄连杆机构的设计和制造经验。这些连接杆内嵌轴承，具有相对复杂的结构形式，通过铣削和随后的抛光得以实现。

滑块的盖板与活塞连接杆做成一个整体是没有好处的，因为活塞连接杆的位置取决于活塞连接杆轴承在曲轴中的位置，滑块的盖板不总是能够与自己的导轨同轴，因此将导致工作异常。

后来的曲柄－等距固接双连杆机构发动机 OM－127 和 M－127 使用了整体式活塞连接杆结构，更简单，更轻巧，受力也更分散 [图110 (b) 和 (c)]。这些活塞连接杆的盖板是分开制造的，在工作位置，它们可以相对于活塞连接杆的轴线自由横向移动和偏斜。这种活塞连接杆轴承安装较宽松,成对安装后能与曲柄销正常工作。滑块的盖板能自动对准其导轨方向,从而保障其工作在正常的状态下。

在图 110(b)所示为 OM-127PH 发动机上使用的活塞连接杆,其缸径为 155 mm,活塞行程为 146 mm。最初,在该发动机上的活塞连接杆具有凹槽,用于安装传统的可松开的密封环。

该活塞连接杆最严重的设计缺点是采用可往外张开的密封环密封往复运动中的杆身设计,这种设计使活塞连接杆的长度、质量显著增加,因此使发动机的尺寸和质量也增加,而且活塞连接杆中的沟槽降低了活塞连接杆的强度和纵向弯曲强度,特别是在用于放密封环的沟槽处最为危险。因此,在使用这种密封方式期间,人们对活塞连接杆密封连续开展了更合理的设计和技术研究。

后来,带有 O 形环凹槽的活塞连接杆被替换为杆身光滑且更简单轻巧的活塞连接杆。为了密封光滑钢杆,在密封气缸的衬套内安装了可压缩的密封环。OM-127PH 发动机使用的两种密封装置如图 111 所示。

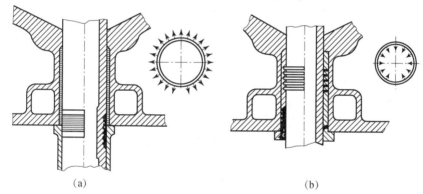

图 111 缸内双作用曲柄-等距固接双连杆机构发动机活塞连接杆的密封件
(a)带可扩张活塞环;(b)带可压缩密封环

两种类型的密封装置在 МБ-1 型单缸机、OM-127 发动机和 OM-127PH 发动机上长期试验,在压差为 $150 \sim 180 \text{ kg/cm}^2$ 的情况下,不允许燃气从下燃烧室的气缸泄漏,结果表明可压缩密封环可以保证活塞连接杆的可靠密封。在 OM-127PH 发动机的长期测试中,当气体泄漏到曲轴箱时,没有出现润滑油变质的情况。

带有可压缩密封环的活塞连接杆密封装置大大缩小了发动机的尺寸,允许使用更短、更轻的光杆。然而,为了获得在长期使用甚至拆装过程中都不必更换密封装置的效果,这种密封需要一个漫长的工艺处理过程,必须要试出压力随密封环圆周变化的图线。

在图 110(c)所示是用于曲柄-等距固接双连杆机构飞机发动机 M-127K 的活塞连接杆,其缸径为 160 mm,活塞行程为 170 mm。

图 112 所示为改进曲柄 – 等距固接双连杆机构发动机 OM – 127 曲轴结构设计的主要历程。

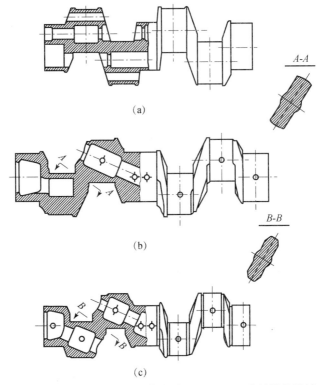

图 112　改进曲柄 – 等距固接双连杆机构发动机 OM – 127 曲轴结构设计的主要历程
(a) OM – 127 发动机的第一段；(b) 一段的后续修改；(c) OM – 127 发动机曲轴的最后方案

按照一定的顺序把装配成整体的活塞连接杆组与整体曲轴装配。图 113（a）所示为没有插入活塞连接杆轴瓦时，活塞连接杆装入曲柄销的情况。图 113（b）所示为活塞连接杆装入曲柄销后，适合安装一片轴瓦时的曲柄销与活塞连接杆的相对位置。

稍上移活塞连接杆，减小活塞连接杆与曲柄销下边的间隙，将一片轴瓦沿活塞连接杆与曲柄销上部的间隙装入轴瓦，轴瓦推进到轴颈的定位凸沿为止［图 113（b）］。

在此之后，活塞连接杆和轴瓦一起沿曲轴曲柄销旋转 180°到图 113（d）所示的位置。在活塞连接杆和曲轴销的间隙中，装入第二块轴瓦，如图 113（e）所示，并与第一块轴瓦对接。

此外，用专用工具将轴瓦压到轴颈上的定位凸边，同时，斜面自动对接设计确保了在轴瓦与曲柄销轴颈的间隙要求。

为了保持轴瓦在轴孔中的位置，并使两块轴瓦贴在一起，在对应的轴颈位置安装了片状的定位销［图 113（f）］。

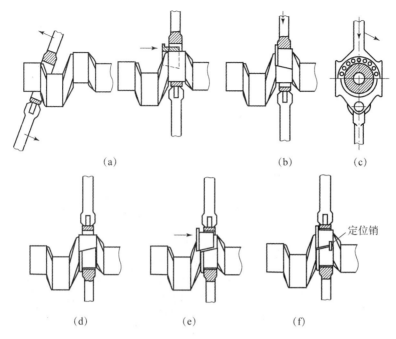

图 113　活塞连接杆在 OM-127PH 发动机曲轴上的组装顺序

活塞连接杆孔可以用活塞连接杆厚壁滚柱轴承代替，机械效率高达 0.94，在 OM-127PH 发动机中用滑动轴承制成。

创建曲柄-等距固接双连杆机构发动机，需要试验调整确定中央驱动曲柄内曲轴主轴颈轴承的形式和间隙尺寸、运动副实际的间隙数据，以及所有元件的弹性变形量。起初，曲柄-等距固接双连杆机构各构件的调试试验在一个专门的 OM-127 发动机上完成，如图 114 和图 115 所示。调试对象还包括气缸排结构、气缸排的工作过程、润滑系统、冷却系统的导热等。

OM-127PH 发动机的试验在带有可变螺距螺旋桨的台架上进行。在 OM-127PH 发动机上，对最大负荷工况下的所有装置和辅助系统进行了最终精确调试（见图 55 和图 56）。

OM-127PH 发动机曲轴主轴颈轴承工作表面轮廓及尺寸如图 116 所示。这是试验测试得出的表面轮廓及尺寸数据。

此外，人们还调试试验了活塞连接杆轴承和滑块盖板的轮廓尺寸和间隙，以及轴承和盖板摩擦表面的铅层厚度。在精调试验之后，经发动机的长期运行，轴承和盖板的整个表面上完整地保留了厚度为 0.005 mm 的铅层。

表 11 给出了确保曲柄-等距固接双连杆机构发动机的主要共轭零件正常工作的间隙值。

对于 OM-127PH 和 M-127K 发动机，人们开发了双作用紧凑型的缸体设计，其缸径分别为 155 mm 和 160 mm，活塞行程分别为 146 mm 和 170 mm。

图114　气缸自然进气、无减速器的八缸发动机部分（M－127－01）

图115　带有一个外部增压器和一个螺旋桨减速器的八缸发动机部分（OM－127－02）

起初，双作用曲柄－等距固接双连杆机构发动机是用化油器将燃料供到气缸中的。

第一个将燃料用化油器供给到气缸的设计如图117所示。

这些气缸的调试是在ОМБ－3型单缸机上完成的，气缸有两个化油器，分别向上部和下部燃烧室供油。化油器的空气由固定式压缩机供应。

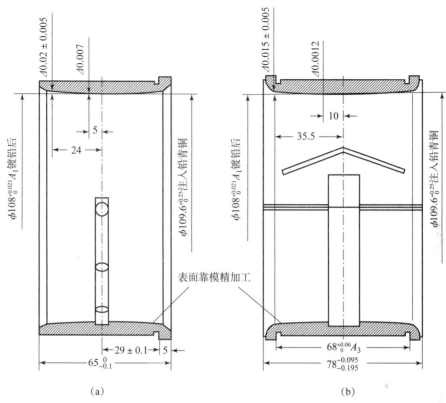

图 116 OM-127PH 发动机主轴颈轴承工作表面轮廓及尺寸
(a) 端部中央主轴颈的轴承；(b) 中间的中央主轴颈轴承

当调整气缸和化油器燃料供给时，出现了问题。当升功率达到最大的 75.6 kW/L 时，不能保证获得 M-127 发动机预定的参数，因此人们研制了新的气缸结构，汽油通过与柴油机类似的喷油器直接喷入燃烧室。

人们在 МБ-1 型单缸机上开发了一种直接喷射燃料的新型气缸。

人们在 OM-127 发动机和 OM-127PH 发动机上进行了两缸排直喷发动机的开发。在研究 3 种气缸结构方案和双作用直接喷射气缸排的过程中，获得了预定的参数（图 118）。上、下两个气缸盖上都有 4 个气门，设计的配气机构运动方案上、下各不相同。

从图 118 中可以看出，随着设计经验和试验经验的积累，为 OM-127PH 和 M-127K 发动机开发的双作用气缸设计得到了改进。

第一种设计的气缸体［图 118（a）］用于八缸 OM-127PH 发动机，功率为 2 352 kW。配气机构的凸轮轴布置在气缸排中部的侧面上，即中置凸轮轴方案。

从凸轮到气门的运动依次通过推杆、挺柱和摇臂传递（见图 63）。

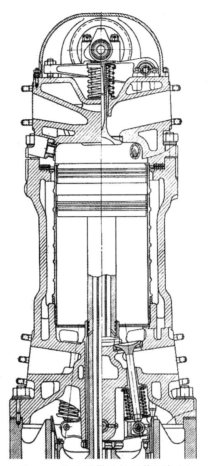

图 117　化油器供油的双作用气缸

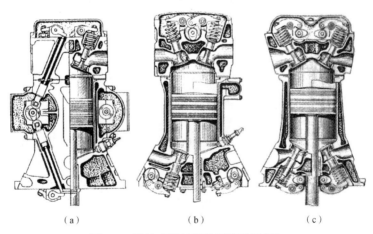

图 118　燃油直喷的双作用发动机气缸
(a) OM－127PH；(b) M－127；(c) M－127K

该配气机构运动系统复杂,运动零部件多,挺杆和摇臂之间的距离远。这主要限制了 OM – 127PH 发动机的高速性能,不能在转速 2 800 r/min 以上强化发动机。

在设计转速 $n = 2\ 650$ r/min、增压压力高达 2 100 mmHg 的条件下,OM – 127PH 发动机气缸和气缸缸体工作可靠,并且在所有工况下能够满足 OM – 127PH 发动机要求的参数。

OM – 127PH 发动机的主要数据在第 2 章中已给出。

在第二种变型[图 118(b)]的气缸中,使用了比第一种方案更简单的配气机构,零部件更少,动力学性能更好。但是这样的设计也有缺点:上、下燃烧室机构不同,上、下凸轮轴不对称,使其气门驱动机构显得复杂。

由于下部凸轮轴安装在气门的外部,下燃烧室组织冷却复杂,增加了气缸排基部的宽度,不便在小外廓尺寸的机壳上布置这样的气缸排。因此,人们在这些气缸的开发过程中,继续寻找新的气缸设计,获得第三个变型结构,如图 118(c)所示。

这种设计更紧凑,上、下燃烧室能够实现可靠的液体冷却,不受其他限制;上、下部气缸盖具有相同且对称布置的气门机构,驱动结构简单,动力性好。

该气缸成功通过了调整测试,并用于开发六缸、功率达 7 350 kW 的曲柄 – 等距固接双连杆机构航空发动机 M – 127K。M – 127K 发动机所采用的气缸体最终设计的横剖面如图 119 所示。

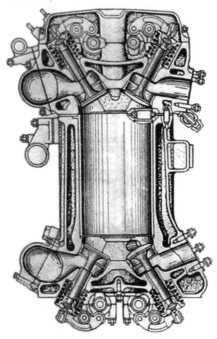

图 119　为 M – 127K 发动机设计的气缸体的横剖面

双作用的气缸采用了新的方法连接固定活塞与活塞连接杆，加工的活塞结构可强制润滑油的流动，冷却活塞及相关零件。在高的热负荷与机械负荷（25～30 t）下保证高的可靠性，而活塞连接杆部分的截面面积不超过 8～10 cm²。

用润滑油作介质的冷却系统在发动机所有运行工况下自动保持活塞和活塞连接杆的最佳温度，并允许曲柄-等距固接双连杆机构发动机可进一步强化。

活塞的设计富有远见，结构简单而且工作可靠，自动定量供油系统将润滑油供给到双作用气缸壁和活塞环，保证发动机在所有工况下需要的机油流量，使发动机的工作无烟，磨损最小，活塞环工作可靠。

图 120 展示了活塞与活塞连接杆安装一体后装在发动机中的情况，与传统曲柄连杆十字头式发动机中的情况作了比较。当高温时，活塞连接杆危险截面 F 不受初始预紧力及其产生的应力的影响。气体的压力也不会被活塞内特殊的衬套感受到，而是作用在活塞连接杆的末端，这可使活塞连接杆的直径大大减小。

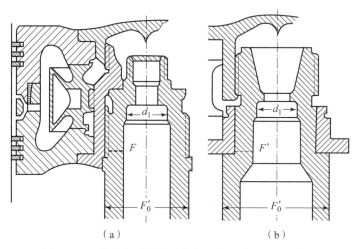

图 120　双作用发动机的活塞与活塞连接杆紧固方案：
(a) 在曲柄-等距固接双连杆机构发动机中；(b) 在采用曲柄连杆机构的蒸汽机和内燃机中

图 121 显示了铝制活塞的设计，其中冷却油在闭合回路中强制循环，并且自动计量供给活塞环和气缸壁的润滑油。

用于冷却活塞的润滑油通过活塞连接杆的中心管进入活塞，并通过中心管与活塞连接杆壁之间的中间螺杆空腔返回。部分润滑油连续流过计量环凹槽之间的表面间隙以润滑气缸。

计量环由比活塞线性膨胀系数更小的材料制成。当发动机工况改变、转数或循环温度变化时，供给的润滑油量会自动改变。例如，当循环温度升高时，适当增加间隙，循环油流量增加；当转速升高时，机油泵出口的压力升高，活塞连接杆中心输油管中的存油柱的惯性力也增加，计量环的油腔内润滑油压力升高，使润滑油流量增加。当速度或循环温度降低时，润滑油的供油量会相应地减少。

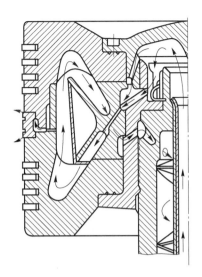

图 121　曲柄－等距固接双连杆机构发动机中的铝制活塞

计量装置确保发动机在所有工况下活塞环和气缸壁的可靠润滑。

图 122 显示了一种设计的钢制活塞,与图 121 所示的铝活塞相比,它具有更少的零件、更小的质量和更高的可靠性。

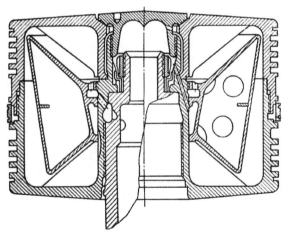

图 122　OM-127PH 发动机的钢制活塞

第 3 节　双作用发动机 OM-127PH 和 M-127K 的研发

在曲柄－等距固接双连杆机构发动机 OM-127PH 和 M-127K 的研发过程中,人们对双作用气缸进行了调试,对小尺寸气缸发动机增加转速与增压,所有参数获得了期望的高值。

工作过程的初始测试是在3个独立试验气缸中进行的，试验气缸与МБ-1单缸机组上的相同。

在OM-127发动机和OM-127PH发动机气缸排上的调试试验中，获得了最后的工作参数及性能参数的计算值。

在МБ-1和OM-127发动机部分进行的气缸和气缸体测试中，汽油通过喷油器直接通过高压柴油泵喷入燃烧室。

使燃料直接喷射到气缸中非常复杂，最困难的问题是获得好的混合气，能在下部的燃烧室形成有效的燃烧。由于活塞连接杆的存在，下部燃烧室有不能直接到达的死角。

为了解决这个问题，人们在气缸的上、下燃烧室中专门开发了各种射流式喷油器和离心式喷油器（图123）。

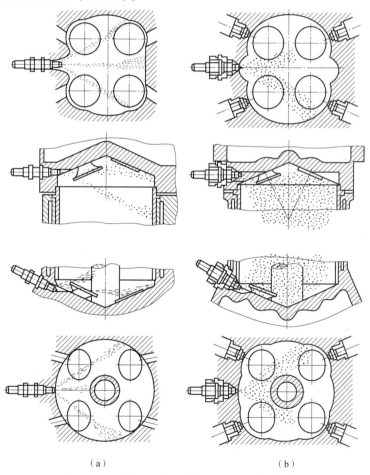

(a) (b)

图123 在上、下部燃烧室中的燃料喷射方案

(a) 喷射喷油器；(b) 离心喷油器

在研制调试中，人们对发动机工况进行了大范围的改变，以研究各种影响因素：燃烧室形式、混合气形成条件、配气相位、火花塞在燃烧室中的布置、配气机构中凸轮的型面、燃烧室的压缩比、活塞和气缸的温度条件、调节通过活塞的冷却油的量和通过气缸套的冷却水量。

图 124 显示了调试测试期间是如何通易熔金属来测量活塞的温度状态的。

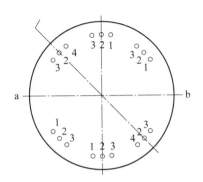

图 124　活塞底部易熔金属位置及其熔化温度
a—吸气侧；b—出口侧；1—345 ℃；2—380 ℃；3—419 ℃；4—363 ℃

与单缸机比较，在将 МБ－1 发动机的单个气缸安装到 OM－127 发动机和 OM－127PH 发动机气缸排的过渡调试中，重新出现不合要求的问题：混合气形成不好、工作参数恶化、在进气管道中空气分布不均匀等。因此，在起初阶段，首先将发动机进气系统 4 个气缸排的 16 个燃烧室的空气消耗量控制在公差允许的范围内，之后，开发了一个特殊程序来测试工作过程参数和发动机参数。

在开发过程中，制造和测试了 14 种不同喷油器类型，其中 4 种如图 125 所示。其数据列于表 13 中。

使用两个 OHБ－127 喷油泵，位于 OM－127 发动机舱上部的燃烧室使用 Э0067/6（5B）喷油器，下部的燃烧室使用 Э0067/9（10H）型喷油器，获得了最佳结果。

进气门开始开启的最佳角度在 60°~65°的范围内，上部燃烧室在上止点前 60°，下部燃烧室在下止点前至 65°。进气提前角小于 60°时，工作恶化，动力下降，进气提前角超过 65°时，空气通过发动机扫气的流量增加，功率和燃料消耗量几乎保持不变。

在 OM－127PH 发动机气缸排工作过程调试实验中，根据燃烧室的类型采取了一系列措施，如：为上、下部燃烧室选择最合适的喷油器，调节最合适的配气相位，火花塞位置，上、下部燃烧室不同的压缩比，使获得的下部燃烧室单位参数与上部燃烧室的相当。

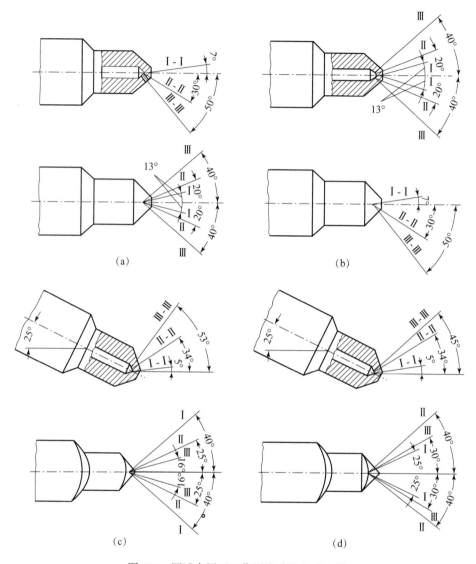

图 125 调试中用于双作用发动机的喷油器

表 13 喷油器的特性

喷油器型号[1]	喷孔直径/mm	孔的数量	图片上的剖面	最大喷射压力/(kg·cm^{-2})
ФБ-127 ОПНБ-53（6В） ［图 125（a）］	0.6 0.5	2 4	1—1 11—11，111—111	220

续表

喷油器型号[1]	喷孔直径/mm	孔的数量	图片上的剖面	最大喷射压力 /(kg·cm^{-2})
Э0067/6（5В）[图125（b）]	0.3	4	1—1 111—111 11—11	400
Э0067/9（ЮН）[图125（d）]	0.35	2		
ФБ-127 ОПНБ-ЭО（7Н），[图125（c）]	0.5	6	1-1 11—11 111—111	250

1. 针阀的开启压力为 110 kg/cm^2，燃油喷雾有6个油束。

图126为当127PH-OM-01发动机在运行工况时，上、下部燃烧室缸内的示功图。

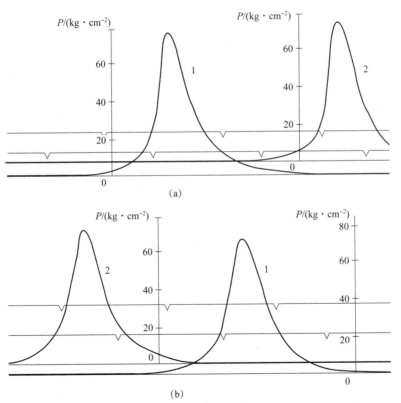

图126 双作用发动机气缸工作循环示功图
(a) 上部燃烧室；(b) 下部燃烧室
1和2—缸号

在调试发动机的过程中，OM-127PH 发动机上、下部燃烧室取得的指示热效率随过量空气系数的变化如图 127 所示。

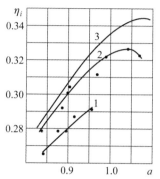

图 127　调试过程中双作用发动机气缸指示热效率 η_i 的变化

1—调试开始时 $\eta_i = f(\alpha)$ 的值；2—调试结束时 $\eta_i = f(\alpha)$ 的值；3—理论曲线

在调试 OM-127PH 发动机的过程中发现，可以根据气缸-活塞组热状态和曲柄-等距固接双连杆机构的强度，施加比计算值更高的增压压力，因此比预定的 M-127 发动机获得了更高的升功率。

如图 128 所示，OM-127PH 发动机在整个工作转速范围内，其升功率比预定的技术要求高。

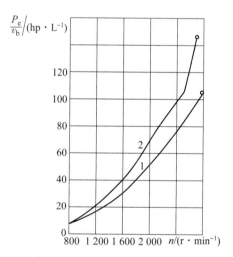

图 128　OM-127PH 发动机研制过程中获得的参数以及所要求的技术参数

1—M-127 发动机的预定升功率指标；

2—在调试 OM-127 发动机和 OM-127PH 发动机的过程中达到的升功率指标水平

根据获得的试验数据，M-127K 发动机调定的起飞功率为 7 350 kW，而不是预设的 6 615 kW。

这个发动机的主要参数见第 2 章。试验表明，曲柄-等距固接双连杆机构发动机在通过提高转速和增压来进一步强化方面有显著的潜力,因此有更高的单位功率参数。

第4节 双作用发动机气缸－活塞组的热状态及润滑油的散热

在曲柄－等距固接双连杆机构发动机 OM－127PH 和 M－127K 中,使用了闭合回路的润滑油强制循环冷却活塞的润滑系统。这可以使双作用活塞在相对较短的时间达到正常的热状态,并确保其在所有工况下长期可靠地运行,同时将传递到冷却油的热量最小化。

人们在以下3个方面解决了活塞的热状态和减少从活塞传递到润滑油的热量问题:

(1) 活塞内润滑油循环系统具有变化的流动速度,在特定区域具有变化热传递系数,确保活塞最热部位有最大的传热路径面积,并使整个活塞表面温度均衡。

(2) 选择更耐用、对活塞导热性更小的导热材料,以减少活塞对外传热。

(3) 减少从活塞到冷却润滑油的热传递。

根据调试试验,对于活塞内部冷却油循环系统,设计了冷却活塞的结构(图121)。使用成型隔板结构,减少了活塞内充入的润滑油自由容积,组织润滑油在活塞内以一定的方向流动,并在特殊的部位以不同的速度流动,在活塞内消除滞流区域,避免局部过热及活塞内壁的积炭。

为了测试研究从活塞传到冷却油的热量,加工了一个专门的装置,在活塞连接杆上安装了直接喷油的喷嘴,冷却油通过喷嘴喷出冷却完活塞以后,单独流出。试验在单缸发动机 MB－1－03－OM 和 127PH 发动机上进行,通过活塞的润滑油在宽流量范围内试验。

光滑的活塞连接杆有两个油封,两个油封间的距离约为活塞行程的1.1倍,控油装置处于两个油封之间,如图129所示。该装置可以使通过活塞的冷却油的泄漏最小化,

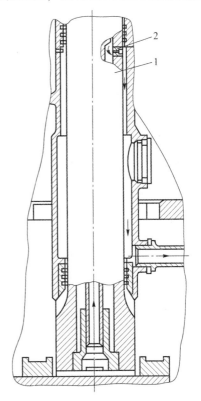

图129 用于调试活塞传到冷却油热量的冷却油路
1—活塞连接杆;2—喷嘴

并且通过更换不同横截面的喷嘴,可容易地控制通过活塞的冷却油流量。

当调试冷却油系统时,测量通过某一个活塞以及整个发动机的冷却油。按重量或体积两种方式测量通过每个测试活塞的冷却油流量。

在活塞的入口和出口处测量冷却油的温度,活塞的热状况取决于流过活塞冷却液的流量,通过易熔金属的熔化温度(易熔金属插件的熔化温度为 345 ℃、363 ℃、380 ℃和 419 ℃)来测量。

当试验从活塞传到冷却油的传热量时,在发动机每运行 0.5 h 后,将一个油样取出,检查积炭情况,并监测爆震。用不同的过量空气系数 a 调试发动机的经济性,参数如下所示。

(1) 压缩比:

上燃烧室:6.58;

下燃烧室:6.64。

(2) 配气相位见表 14。

表 14　配气相位　　　　　　　　　　　　　　(°)

配气相位	上部燃烧室	下部燃烧室
进气开始	上止点前 60	上止点前 65
进气结束	下止点后 55	下止点后 50
排气开始	下止点前 72	下止点前 70
排气结束	上止点后 40	上止点后 40

(3) 喷油开始的角度为相应的进气过程上死点后 50°~55°。

(4) 在上部燃烧室中安装 ФБ-127(5В)型喷射器,在下部燃烧室中安装 ФБ-127(3Н)型喷射器。

(5) 点火提前角为 30°。

(6) 在每个燃烧室中有两个 AC-132 火花塞,这两个火花塞沿着图 130 所示的对角线设置。

(7) 润滑和冷却活塞的润滑油型号为 MC。

(8) 发动机运转时,油、水参数保持见表 15 且不变。

表 15　油、水参数

发动机入口和活塞处的油温/℃	50~55
油压/(kg·cm^{-2})	
在发动机入口处	9~10
活塞进口	12~14

续表

油压/(kg·cm^{-2})	
活塞节流喷嘴出口	0.5
HB 燃料泵进口	10～11
配气机构进口	3～6
水温/℃	
气缸套进口处	70～75
温差为 4 ℃～5 ℃时的出口	75～80
气缸套入口处的水压/(kg·cm^{-2})	1.5

调节燃烧室入口和出口之间的冷却水压力差，使下部燃烧室冷却水压力大于上部燃烧室的 30%～40%。

在减少从活塞传到冷却油的热量试验过程中，喷嘴孔的直径在 2.15～0.6 mm 范围内变化，控制从活塞喷出的冷却油量。

当使用孔径为 2.15～1.5 mm 的喷嘴在标定工况下试验过量空气系数的特性时，所有测温塞块保持完好，没有熔化。后续用更加易熔的测温塞块测试，如图 130 所示。

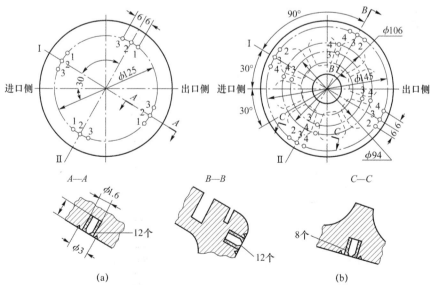

图 130　易熔金属测温塞块在活塞上方底部的布置位置

(a) ОМБ Ⅲ-30-07-30 铝制活塞；(b) № 3-426 钢制活塞

Ⅰ—火花塞布置平面；Ⅱ—塞块布置平面（运行工况：0.76 额定功率，$n = 2\,350$ r/min）

1—345 ℃；2—363 ℃；3—419 ℃

图 131 所示为减少从活塞传递到冷却油热量的测试结果，减小通过活塞的冷却油流量，得到传热量从 0.816 kcal/(kW·min) 到 0.143 kcal/(kW·min) 的结果。

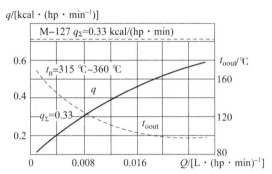

图 131　OM-127PH 发动机通过活塞的冷却油流量 Q 与活塞传到机油的热量变化曲线和机油出口的温度曲线（在工况升功率为 Nn = 88.2 kW/L，进油压力 P_{in} = 14 kg/cm²，进油温度 T_{in} = 50 ℃，出水温度 T_{wout} = 75 ℃，t_n 为活塞温度）

OM-127PH 发动机活塞热状态通过调节气缸的热状态和传到水的热量（图 132）进行调试，同时，减少润滑油从摩擦零件传来的热量。

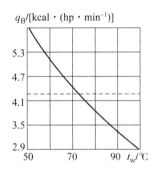

图 132　OM-127PH 发动机在 0.75 倍标定功率时冷却水传热率随入口处水温的变化曲线

通过一年的调试工作，活塞和发动机轴承传到润滑油的总热量从 0.521 kcal/kW 降低到 0.449 kcal/kW。

对气缸-活塞组接下来的调试工作是通过减少活塞环的数量，减少功率损耗及活塞环的摩擦，并且相应减少活塞和气缸的高度。

测试中活塞环的数量从 10 个减少到 6 个，在顶部和底部分成两组。测试是在一个燃烧室运行的情况下进行的。活塞带有不同的活塞环数量，其工作根据以下参数评估：

（1）冷转（不加油、电动机拖动、发动机空转）时的缸内空气的压缩压力值；

(2) 强化功率;
(3) 最大爆发压力的大小;
(4) 急速时从工作燃烧室排出的废气量;
(5) 通过非工作燃烧室活塞环进入的油量;
(6) 从活塞传到冷却油的传热量;
(7) 活塞底部温度和安装活塞环部位的活塞内表面温度。

图 133 所示为易熔金属测温塞块的布置。活塞内表面上,测温塞块每隔 120°成对地布置于活塞裙下底部的两个圈上,熔点分别为 182 ℃和 228 ℃。一条测温带的每对测温塞块相对于另一条的每对测温塞块偏移 60°。

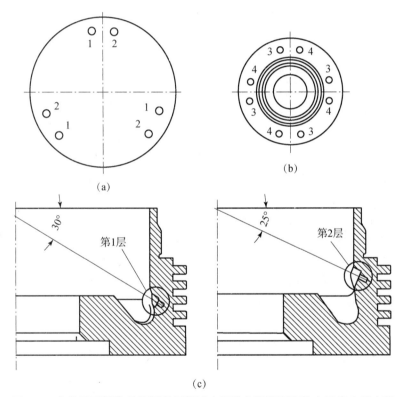

图 133 在使用不同数量的活塞环测试中易熔金属测温塞块在活塞上的布置
(a) 上、下活塞底部外侧;(b) 螺帽;(c) 下活塞底部内部
1—t =312 ℃;2—t =274 ℃;3—t =380 ℃;3—t =419 ℃

测试发现,当活塞环数量从 10 个降为 6 个时,发动机和活塞的性能没有降低。

测试结束后,活塞上有 10 个和 6 个活塞环的零部件状态是相同的。

对气缸双作用曲柄 - 等距固接双连杆机构发动机 OM - 127PH 和 M - 127K,上、下活塞有 3 个活塞环就足够了。

第五章　曲柄－等距固接双连杆机构发动机在双主机坦克动力系统上的应用

目前各国主战坦克动力系统都是采取单一主发动机或单主机加辅助发动机动力系统的方案，主机为坦克机动提供动力，辅助发动机用于坦克停车状态、战斗部值班时为用电设备提供电力并向蓄电池充电，此时主机不工作。采用该方案能大幅提高未来主战坦克的机动性、经济性和可靠性。单主机加辅助发动机动力系统的方案可以有效满足车辆停车状态时电台、电转炮塔等用电设备的电力需要，又可以节省主机的使用摩托小时，减少主机在低速、低负荷状态的工作时间。

单主机或单主机加辅助发动机动力系统两种方案都有相同的不足：①主机都必须满足坦克各种工况下的动力需求，如最高时速时的最大功率工况，爬最大坡度时的最大扭矩工况，而使用中更多的时间是坦克中低速度下的发动机低速、低负荷工况，而此时发动机有效比油耗、排放指标都远高于最佳油耗点工况；②主机发生故障时，坦克往往只能原地待援，这种状况发生在射击、通信、驾驶训练中时尚可用其他车辆救援，假如发生实战中，则车辆将处于危险的境地。解决上述问题，有必要采用双主机坦克动力系统来实现。

双主机坦克动力系统方案，即采用两台型号一样的柴油机，通过设计可控制任一单机工作，又可双机同时工作的并机控制传动机构，使坦克在需要高速机动或大扭矩爬坡时，双机同时工作，而在平时大部分时间的低速、低负荷工况训练使用时，用一台柴油机在经济工况工作；在使用中工作机出现故障而停车时，迅速起动备机工作，以保证坦克的机动能力。

采用双主机坦克动力系统方案，遇到的主要问题是两台主机的外廓尺寸与两台发动机的动力输出控制。外廓尺寸问题通过 X 形发动机能得到有效解决，解决动力输出控制问题需要设计相应的控制机构。

第 1 节　双主机坦克动力系统方案

1. 双主机坦克动力系统的相关概念

双主机坦克动力系统是指利用同一套辅助系统（包括燃油供给系统、冷却系统、润滑系统、起动系统）的两台相同型号的主机，通过并车装置控制输出扭矩的动力系统，其包括两台主机及辅助系统和并车传动控制装置（图 134）。

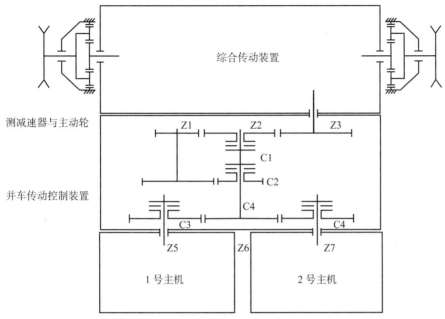

图134 双主机坦克动力系统示意

两台主机分别叫1号主机和2号主机,两台主机可同时输出动力,也可单独输出动力,构成3种工作状态,分别是1号主机单独工作;2号主机单独工作;1、2号主机同时工作。动力通过并车传动控制装置输出,经综合传动装置、侧减速器传到坦克主动轮。

当两台主机均处于堪用状态,且训练或作战需要坦克作全速前进或爬大坡时,坦克可以使两台主机同时工作,以满足速度或爬坡的需要;当两台主机均处于堪用状态,而坦克处于功率要求不高的低速驾驶、射击、通信训练状态时,可单独使用一台主机工作;当两台主机之一出现故障,且不能耽误作战或训练时,可使用堪用的主机保证作业完成,故障机可待机送修。总之,实际运用中两台主机会需要1号主机单独工作,2号主机单独工作,1、2号主机同时工作等3种工作状态。工作状态的控制与转换由并车传动控制装置实现。3种工作状态与离合器的工作状态见表16。

表16 3种工作状态与4个离合器的工作状态

离合器号 工作状态	C1	C2	C3	C4
1号主机工作	分离	结合	结合	分离
2号主机工作	分离	结合	分离	结合
1、2号主机同时工作	结合	分离	结合	结合

2. 并车传动控制装置及其工作原理

并车传动控制装置由 4 个离合器和 7 个齿轮组成（见图 134）。4 个离合器中，C2、C3、C4 的额定传动扭矩相同，C1 的额定传动扭矩是其他 3 个的 2 倍，C1 的转动惯量大于 C2 的转动惯量，4 个离合器控制从停机状态起动到 3 种工作状态以及 3 种工作状态之间的转换与停机。

1) 从停机状态起动到 3 种工作状态的控制

当需要 1 号主机单独工作时，1 号主机起动到怠速，C2 与 C3 离合器结合，C1 与 C4 离合器分离，1 号主机动力输出路径为 Z5 – Z6 – Z4 – Z1 – Z2 – Z3，经综合传动装置、侧减速器传到坦克主动轮；需要 2 号主机单独工作时，2 号主机起动到怠速，C2 与 C4 离合器结合，C1 与 C3 离合器分离，2 号主机动力输出路径为 Z7 – Z6 – Z4 – Z1 – Z2 – Z3；需要 1、2 号主机联合工作时，二者分别起动到怠速，C1 与 C3、C4 离合器结合，C2 离合器分离，1、2 号主机动力分别经 Z5、Z7 传到 Z6，之后的传动路径为 Z6 – Z2 – Z3。离合器的工作状态见表 16。

2) 工作状态之间的转换控制

从 1 号主机或 2 号主机单独工作转换到两机并车工作状态时，只需要将 2 号主机或 1 号主机对应的 C4 或 C3 离合器结合，C2 离合器分离，C1 离合器结合即可。如从 1 号主机单独工作转换到两机并车工作状态时，由 C2 与 C3 离合器结合与 C1 与 C4 离合器分离变为 C3、C4、C1 离合器结合，C2 离合器分离。从 2 号主机单独工作转换到两机并车工作状态时，由 C2 与 C4 离合器结合，C1 与 C3 离合器分离也变为 C3、C4、C1 离合器结合，C2 离合器分离。

从两机并车工作状态转换到 1 号主机或 2 号主机单独工作时，只需要将 2 号主机或 1 号主机对应的 C4 或 C3 离合器分离；为减少旋转部件惯量，C1 离合器分离，C2 离合器结合即可。如从两机并车工作状态转换到 1 号主机单独工作状态时，由 C1 与 C3、C4 离合器结合，C2 离合器分离变为 C2 与 C3 离合器结合与 C1 与 C4 离合器分离。从两机并车工作状态转换到 2 号主机单独工作状态时，由 C1 与 C3、C4 离合器结合，C2 离合器分离变为 C2 与 C4 离合器结合，C1 与 C3 离合器分离。

由 1 号主机工作转换到 2 号主机工作时，只需将 C3 离合器结合，C4 离合器分离状态转换为 C4 离合器结合，C3 离合器分离即可；由 2 号主机工作转换到 1 号主机工作时，只需由 C4 离合器结合，C3 离合器分离状态转换为 C3 离合器结合，C4 离合器分离即可。

3) 从 3 种工作状态之间到怠速与停机的控制

从 3 种工作状态转换到怠速工况时，分别使 C3、C4 离合器分离和 C1 离合器分离实现 1 号主机，2 号主机和 1、2 号主机同时工作到怠速状态。怠速一定时间后主机油、水温度符合停机要求时即可断油停机。

传动电控系统控制 4 个离合器的结合与分离。

第 2 节　双主机坦克动力系统的辅助系统

双主机坦克动力系统的辅助系统仍包括进排气系统、燃油供给系统、润滑系统、冷却系统、起动系统、电控系统。由于双主机坦克动力系统的两台主机共同利用一套辅助系统，发动机要采用型号相同的柴油机或燃气轮机，以便保证通用性。

为了满足两台主机的 3 种工作状态，需要对传统的辅助系统布局作改进。辅助系统方案改进的原则：一是在满足两主机 3 种工作状态的情况下，尽可能共用系统部件，减小辅助系统质量；二是在任何一台主机出现故障或"缺席"时，能快速处理，不能影响另一台主机的正常工作；三是为快速维护保养提供方便，动力舱采用整体吊装方式，辅助系统部件按需要布置在发动机、动力舱和底盘其他部位（表17），动力舱和底盘其他部位间的机件连接管路安装快速接头。

进、排气系统必须有两套独立满足各自主机的系统，每套进、排气系统包括空气滤清器、除尘装置和相对发动机位置相同的进气管与排气管。进气管、空气滤清器布置在整体动力舱上，排气管和除尘装置的出风管要与侧装甲板连接，如果有一台主机不安装，必须封堵对应的排气管和除尘装置的出风管入口，避免车外尘土进入动力舱。

燃油供给系统部分的部件可以两机共用，如油箱、电动泵、燃油开关、手摇柴油泵、柴油粗滤清器、燃油散热器、排除空气开关及油路等。每台发动机的输油泵、柴油细滤清器、喷油部分等还布置在发动机本体上，各自满足自身需要。

润滑系统仍采用干式曲轴箱润滑系统，外围部件包括机油箱、电动预润泵及机油管等，均布置于整体吊装的动力舱内，每台发动机的机油泵、机油热交换器、机油滤清器、机油压力传感器等各自满足自身需要。

冷却加温系统外围部件包括水散热器、膨胀水箱、空气蒸汽阀、加温器等共用；电控喷油装置除提供目标转速的油门踏板（传感器）共用外，其他装置如传感器、执行机构等各自满足自身需要；两台发动机均安装自身的起动系统，包括电起动系统与压缩空气起动系统，共用部分包括电起动系统的电池和压缩空气起动系统的空气压缩机、空气滤清器、调压阀、排污阀等。

表 17　双主机坦克动力系统的辅助系统的主要部件布置

部位 系统	发动机	动力舱	车上其他部位
空气供给系统	增压器等	进气管、空气滤清器、除尘装置	排气管、除尘管

续表

系统 \ 部位	发动机	动力舱	车上其他部位
燃油供给系统	输油泵、柴油细滤清器、喷油部分	燃油散热器	油箱、电动泵、燃油开关、手摇柴油泵、柴油粗滤清器、排除空气开关及油路
润滑系统	机油泵与限压阀、机油热交换器、机油滤清器与旁通阀、机油压力传感器	机油箱、电动预润泵及机油管	—
冷却加温系统	气缸套、气缸盖、中冷器	节温器、水散热器、膨胀水箱、空气蒸汽阀、电控水泵、电控风扇、加温器	进、排气百叶窗
空气起动系统	空气起动阀、空气分配器	空气压缩机、空气净化排污调压器、起动电磁阀	高压气瓶、空气压力表、起动开关
电起动系统	起动电动机	—	电池、起动电缆
电控系统	控制器、执行器、传感器	—	油门踏板（油门操作装置）

第3节 双主机坦克动力系统的主要性能分析

坦克作为陆军的主要突击力量，要求有强大的火力、坚固的防护力和灵活的机动性。坦克动力系统则对其机动性有最直接的影响，必须满足功率足、体积小、高度低、比油耗低、起动性好、工作可靠、维护简便的动力性、经济性、起动性与使用性能要求。双主机坦克动力系统的主要性能比单机坦克动力系统有明显的优势。

1. 动力性

对吨位一定的坦克，发动机额定功率越大，吨功率越高，坦克最高时速越大，加速性能越好，爬坡能力越强，也就是其机动性越好。表18所示为国外坦克发动机主要性能参数，现代列装坦克的额定功率已高达 1 119 kW，其吨功率也达 22 kW/t。随着全电坦克、电磁炮等新技术的开发，对坦克动力系统的最大功率要求有大幅的提高，一般认为需要 1 500～1 600 kW，目前单台功率最大的坦克发动机为美国 M1A3 坦克 1 323 kW 的燃气轮机，进一步提高坦克发动机的功率受到单台发动机体积与高度的限制，坦克发动机体积的大小直接影响坦克的总体布置。减小发动机的体积，可相应减小坦克的外形尺寸，有利于减小坦克的质量，提高其机动性；或相应增大战斗部分的空间，增加弹药或燃料的数量。特别是降低发动机高度，有利于降低坦克的高度，提高坦克的生存能力。目前解决的方法是采取高功率密度柴油机，即采用小缸径、高增压、高转速、高压共轨等技术，升功率达到 92 kW/L，但由于受到材料机械强度、耐热强度、散热技术的局限及发动机寿命的要求，单台发动机的功率仍没有突破 1 103 kW。

表18 国外坦克发动机主要性能参数

国别	法国	美国	英国	俄罗斯	德国
型号	UDV8X -1500	AGT -1500A	CV12TCA -1200	ГТД 1250	MB873 Ka-501
标定功率/kW	1 103	1 119	896	919	1 103
保险期（大修期）/h	1 000（2 000）	1 000（1 800）	400（800）	500（1 000）	500（800）
适应性系数	1.64	6.15	1.452	8.57	1.885
燃油消耗率 /[g·(kW·h)$^{-1}$]	231	259	226	306	245
体积/m^3	1 375×1 462 ×905	1 613×1 016 ×711	1 380×1 275 ×1 182	1 494×1 042 ×888	1 970×1 703 ×1 100
发动机质量/kg	1 850	1 179	2 040	1 050	2 590
装备坦克型号	勒克莱尔	M1A1	挑战者	T-80y	豹Ⅱ
坦克质量/t	54.5	53	62	46.5	55.2
装车年代	1992年	1990年	1985年	1990年	1979年

采用双主机坦克动力系统能满足动力对最大功率的需要，又能使发动机的高度在允许的范围内。每台主机采用额定功率为 750～800 kW 的柴油机，若按升功率 32.5 kW/L 的水平设计 X 形曲柄-等距固接双连杆机构柴油机，本体长×宽×高为 880 mm×1 000 mm×984 mm（图135），两台的尺寸仍然略小于一台豹Ⅱ式坦克发动机的尺寸。若采用升功率达到 92 kW/L 的高功率密度综合技术，功率为 550 kW 的六缸机高 590 mm，宽 700 mm，长 760 mm，质量仅为 520 kg，两台功率为 750～800 kW 的高功率密度柴油机也可以作为双主机坦克动力系统的发动机。这样，双主机坦克动力系统的最大功率将在原单机 1 103 kW 的基础上提高 36%～45%，而发动机的高度与体积不需要增加。

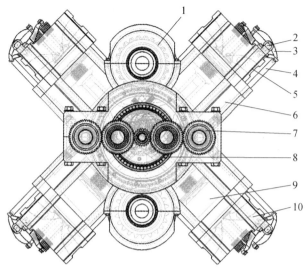

图 135　X 形曲柄 - 等距固接双连杆机构柴油机前端布局
1—传动齿轮；2—摇臂轴；3—摇臂；4—推杆；5—排气门；6—上机体；
7—凸轮轴正时齿轮；8—偏心轮轴承；9—下机体；10—气缸盖

2. 经济性

对车辆来说，经济性主要指车辆的百公里油耗 q_{100}，用车辆行驶阻力 F_r 和发动机燃油消耗率 b_e：

$$q_{100} = 2.78 \times 10^{-3} \frac{F_r b_e}{\eta_t \rho}$$

式中　F_r——行驶阻力，N；

b_e——发动机的燃油消耗率，g/(kW·h)；

η_t——传动系的效率；

ρ——为燃油的密度，kg/L。

如果以相同的车速与挡位行驶同样的距离，可以认为车辆行驶阻力 F_r、传动系的效率 η_t 一致，百公里油耗只与发动机燃油消耗率 b_e 有关。b_e 不仅具有经济意义，而且在油箱容积一定的条件下可提高坦克的行驶半径，增强其战技性能。对于单机坦克动力系统来说，由发动机的万有特效可知 b_e 有最经济的负荷与转速范围，离开了这个经济区域工况，b_e 的值均增加，车辆靠变速箱挡位来调节发动机的负荷与转速，使发动机工作在经济油耗区域。

坦克训练与作战中使用功率变化的范围很大，坦克对最大功率的需求通常只出现在高速机动、陡坡翻越、超车追击等时机，在训练与实战的推演中，这种时机的占比很低，大部分时间发动机工作在中低负荷状态，在一般的驾驶、通信、射击训练和综合演练中，坦克平均越野速度为 15.2~19.2 km/h，训练过程中各种地面的运动阻力系数变化很大，运动阻力系数最小的水泥路的运动阻力系数为

0.03，而运动阻力系数最大的水稻田的运动阻力系数达 0.25，通常训练在阻力系数低于 0.12（泥泞路）的路面进行。对单主机坦克动力系统来讲，在这些工况下发动机通常工作在中等负荷以下。以 53 t 的坦克以 32 km/h 的速度在运动阻力系数 f_0 为 0.08 的土路上行驶时，假设坦克传动总效率 η 为较低的 0.64，则对发动机的功率 P_e 需求可用下式计算：

$$P_e = \frac{f_0 G v}{3\ 600 \eta} = 588.9 \text{ kW}$$

如果单机坦克动力系统的发动机额定功率为 1 600 kW，而使用功率只有 588.9 kW，在通信与射击训练，特别是原地开机待命状态，发动机发出的功率更小，发动机的工况必然为效率很低的小负荷工况，甚至怠速工况，很难甚至不能选择合适的档位将 b_e 调到经济区域。

如果采用双机坦克动力系统，上述工况下均只开一台额定功率为 800 kW 的发动机，当需要功率为 588.9 kW 时，通过选择合适的挡位，发动机将可以在 b_e 最低的区域工作，在通信与射击训练中也是如此，怠速状态下的油耗显然也比单主机怠速状态下的少。

3. 工作可靠性

为保证主战坦克在各种外界条件下可靠地工作，避免故障发生，各国制定主战坦克发动机的保险期均不超过 1 000 h，首次大修寿命不超过 2 000 h。然而坦克发动机的工作条件恶劣，环境变化较大，加上战损等因素，发动机在使用期出现停机故障是难免的。部队射击、通信、驾驶训练调研表明，没有达到保险期的发动机本体停机故障时有发生，如水泵轴断裂、机油泵传动轴断裂、拉缸、抱轴等。这些故障往往很难原地修复，坦克行驶能力甚至战斗力将丧失。故障发生在训练中尚可用其他车辆救援，假如发生实战中，则坦克不可能完成战斗任务，并将处于危险的境地。

采用双主机坦克动力系统后，两台主机本体同时出现故障的概率远低于一台主机出现故障的概率，只要有一台主机能正常工作，在使用中工作机出现故障而停车时，迅速起动备机工作，通过并车传动控制装置，可保证坦克机动与用电设备的动力需求，保证坦克的战斗力，从而提高坦克的可靠性。

4. 低温起动性

作为战斗车辆，其发动机起动性能直接影响坦克投入战斗准备时间的长短，因此要求坦克发动机能在任何条件下迅速可靠地起动。评价起动性能的主要参数有一定温度下发动机起动时间、暖机时间、怠速转速、怠速波动率、起步时间及起动极限温度等。坦克发动机常用低温起动性来考核，低温起动性是指在无任何附加辅助装置的条件下，采用电或压缩空气能直接起动发动机的最低温度值，对直喷式燃烧系统的坦克柴油机来讲，最低温度值为 −5 ℃。

双主机坦克动力系统的两台主机是单独起动的，由于其一台主机的功率是单主机坦克动力系统的一半，所以其起动运动件惯量小，运动副摩擦面积及压力小，压缩行程阻力小，驱动喷油泵、机油泵、配气机构等附件的阻力小，在蓄电池或压缩空气压力等其他条件一致的情况下，双主机坦克动力系统发动机的起动时间、暖机时间、怠速转速、怠速波动率、起步时间等指标必然好于单主机坦克动力系统。

第 4 节　两主机输出动力控制原理

两主机均以油门踏板输出的信号作为目标转速 n_{1t}、n_{2t}，由于是同一传感器输出的信号，故 $n_{1t} = n_{2t} = n_t$。柴油机的实际转速由各自的转速传感器测得，分别为 n_{1a}、n_{2a}，由于两台主机工作时同时驱动同一个传动齿轮，故 $n_{1a} = n_{2a} = n_a$。由于目标转速与实际转速完全相同，电控系统的工作也就完全相同，两主机具有相同的齿杆行程，如同控制一台发动机。

控制原理是油门踏板输出的信号作为目标转速，目标转速与实际转速的差值为 $\triangle n = n_t - n_a$；将 $\triangle n$ 作为控制加油齿杆位移即喷油器喷油量的 PID 调节基础值，根据单位时间内 $\triangle n_t$ 的变化量来改变 PID 的参数，控制齿杆的位移及移动的速度。

双主机坦克动力系统具有以下优势：能部分克服发动机高度与体积对单主机坦克动力系统发动机功率的限制，大幅增加坦克总体最大功率，提高其机动性能；能有效降低坦克使用百公里油耗，提高使用经济性能；能降低发动机停机故障概率，提高坦克可靠性能，理论上不出现因发动机本体故障停车所导致的坦克战斗力丧失；能减小起动阻力，提高发动机的起动性能。

双主机坦克动力系统能改善坦克的多项性能，工程化过程中还有一些问题需要深入研究：一是双主机同转速工作时可能出现的共振问题，二是并车传动控制装置与综合传动装置一体化及控制问题。

第六章 曲柄－等距固接双连杆机构发动机 OM－127 作用力和反作用力的确定

第1节 气体作用力、惯性力和沿气缸轴线的合力的确定及发动机的扭矩

计算的边界及原始数据如下：

(1) 缸内双作用的八缸四冲程发动机。
(2) 3 个主轴颈的整体式曲轴，$r = 36.5$ mm ［见图 112（b）］。
(3) 机构中的作用力如图 91～图 93 所示。
(4) 发动机实际工作循环的示功图如图 136 所示。

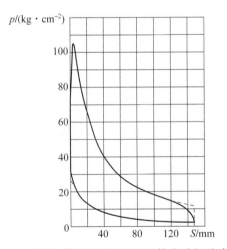

图 136 曲柄－等距固接双连杆机构发动机示功图
$N_i = 154.35$ kW；$n = 2\,800$ r/min；$P_a = 1\,700$ mmHg

(5) 气缸直径 $D = 155$ mm。
(6) 连接杆直径 $d_{um} = 47$ mm。
(7) 曲轴的每个曲柄销都受 4 个燃烧室的燃气作用力。

第一曲柄销对应上部燃烧室中，$\alpha = 0°$ 和 $540°$ 燃烧，下部燃烧室中，$\alpha = 180°$ 和 $360°$ 燃烧。

根据公认的规则，在 $\alpha = 180°$ 和 $540°$ 处燃烧的那些燃烧室的气体作用力

为负。

第二曲柄销对应上部燃烧室中，$\alpha = 90°$ 和 $270°$ 燃烧，下部燃烧室中，$\alpha = 450°$ 和 $630°$ 燃烧。

在 $\alpha = 270°$ 和 $630°$ 燃烧的那些燃烧室的气体作用力为负。

对于第三曲柄销，通过将第一曲柄销的气体力移动 $360°$ 来确定；对于第四曲柄销，通过将第二曲柄销的气体力移动 $360°$ 来确定。

（8）通常认为曲轴的质量集中在活塞连接杆轴线与曲柄销轴线的 4 个交点上。

（9）一组带有两个活塞和一个滑动活塞连接杆的质量为 25 kg。

（10）曲轴的质量是 28.6 kg。

（11）发动机输出轴转速 $n = 2\ 800$ r/min。

（12）表 19 所示为试验获得的发动机曲轴部分的惯性矩。

表 19 发动机曲轴部分的惯性矩

曲轴组件	惯性矩/cm⁴	
	当在曲柄平面内弯曲时	扭转时
边沿的曲柄轴颈	$i_1 = 150$	$i_{10} = 1\ 000$
中间过渡的	$i_2 = 90$	$i_{12} = 450$
中心轴颈	$i_3 = 180$	$i_{30} = 1300$
曲柄销	$J = 500$	$J_0 = 1\ 000$

1. 气体作用力、惯性力、合力

气缸上部燃烧室燃气作用于活塞的总压力为：

$$P_{gB} = \frac{\pi}{4} D^2 p = 188.7 p (\text{cm}^2 \cdot \text{kg/cm}^2) = 188.7 p (\text{kg})$$

式中 p—从示功图取得的气体压力，kg/cm²。

气缸下部燃烧室燃气作用于活塞的总压力为：

$$P_{gH} = \frac{\pi}{4} (D^2 - d_{um}^2) p = 171.3 p (\text{kg})$$

气缸上、下部燃烧室中的气体压力 p 与作用在活塞上的总作用力随转角 α 的变化值见表 20。α 为相应活塞离膨胀行程开始时的转角值。

气缸工作顺序如下：

Ⅰ 排一缸上部燃烧室 $\alpha = 0°$；

Ⅰ 排一缸下部燃烧室 $\alpha = 180°$；

Ⅰ 排二缸上部燃烧室 $\alpha = 360°$；

Ⅰ 排二缸下部燃烧室 $\alpha = 540°$；

Ⅱ排一缸上部燃烧室 $\alpha = 90°$；
Ⅱ排一缸下部燃烧室 $\alpha = 630°$；
Ⅱ排二缸上部燃烧室 $\alpha = 450°$；
Ⅱ排二缸下部燃烧室 $\alpha = 270°$；
Ⅲ排一缸上部燃烧室 $\alpha = 540°$；
Ⅲ排一缸下部燃烧室 $\alpha = 360°$；
Ⅲ排二缸上部燃烧室 $\alpha = 180°$；
Ⅲ排二缸下部燃烧室 $\alpha = 0°$；
Ⅳ排一缸上部燃烧室 $\alpha = 270°$；
Ⅳ排一缸下部燃烧室 $\alpha = 450°$；
Ⅳ排二缸上部燃烧室 $\alpha = 630°$；
Ⅳ排二缸下部燃烧室 $\alpha = 90°$。

往复质量惯性力如下：

第一和第三曲柄销：

$$P_{u1} = P_{u3} = -2r\omega^2 m_n \cos\alpha$$
$$= [-2 \times 0.036\,5 \times (2 \times 3.14 \times 2\,800)^2 \times 25 \times \cos\alpha]/9.8$$
$$= -15\,990\cos\alpha(\text{kg})$$

第二和第四曲柄销：

$$P_{u2} = P_{u4} = -2r\omega^2 m_n \sin\alpha = -15\,990\sin\alpha(\text{kg})$$

表20　OM-127发动机上、下部燃烧室作用于活塞的气体压力和总的燃气压力

$\alpha/(°)$	p /(kg·cm^{-2})	p_{gB} /kg	p_{gH} /kg	$\alpha/(°)$	p /(kg·cm^{-2})	p_{gB} /kg	p_{gH} /kg
0	33.5	6 322	5 735	540	2.2	415	377
10	105.3	1 9870	18 027	550	2.22	419	380
20	103.1	19 455	17 651	560	2.30	434	394
30	84.5	15 945	14 466	570	2.49	470	426
40	67.0	12 643	11 470	580	2.52	476	431
50	52.6	9 926	9 005	590	2.70	510	462
60	42.2	7 963	7 225	600	3.00	566	514
70	34.0	6 416	5 821	610	3.4	642	582
80	28.5	5 378	4 879	620	2.8	717	650
90	23.9	4 510	4 092	630	4.6	868	788

续表

$\alpha/(°)$	p /(kg·cm^{-2})	p_{gB} /kg	p_{gH} /kg	$\alpha/(°)$	p /(kg·cm^{-2})	p_{gB} /kg	p_{gH} /kg
100	20.5	3 868	3 510	640	5.6	1 057	959
110	18.0	3 397	3 082	650	6.7	1 264	1 147
120	16.0	3 019	2 739	660	8.5	1 604	1 455
130	14.4	2 717	2 465	670	10.7	2 019	1 832
140	12.6	2 378	2 157	680	14.0	2 642	2 397
150	10.7	2 019	1 832	90	17.9	3 378	3 064
160	8.4	1 585	1 438	700	22.7	4 284	3 886
170	6.1	1 151	1 044	710	29.0	5 472	4 965
180	4.0	755	685	720	33.5	6 322	5 735

作用在曲轴主轴颈轴承上的总惯性力如下：

$$P'_{u1} = P'_{u3} = -2r\omega^2\left(m_n + \frac{m_{KB}}{4}\right)\cos\alpha = -20\ 470\cos\alpha(\text{kg})$$

$$P'_{u2} = P'_{u4} = -2r\omega^2\left(m_n + \frac{m_{KB}}{4}\right)\sin\alpha = 20\ 470\sin\alpha(\text{kg})$$

表21～表26给出了气体作用力、惯性力和沿气缸轴线的合力的数值。

表21 作用于第一曲柄销的气体作用力

α /(°)	Ⅰ排		Ⅲ排		P_{B1} /kg	α /(°)	Ⅰ排		Ⅲ排		P_{B1} /kg
	P_{gB} $\alpha^*_{Bcn}=0°$	P_{gH} $\alpha_{Bcn}=180°$	P_{gH} $\alpha_{Bcn}=360°$	P_{gB} $\alpha_{Bcn}=540°$			P_{gB} $\alpha^*_{Bcn}=0°$	P_{gH} $\alpha_{Bcn}=180°$	P_{gH} $\alpha_{Bcn}=360°$	P_{gB} $\alpha_{Bcn}=540°$	
0	6 322	-377	171	-755	5 361	370	189	-171	18 027	-419	17 626
10	19 870	-380	171	-189	19 472	380	189	-171	17 651	-434	17 235
20	19 455	-394	171	-189	19 043	390	189	-171	14 466	-470	14 014
30	15 945	-426	171	-189	15 501	400	189	-171	11 470	-476	11 012
40	12 643	-431	171	-189	12 194	410	189	-171	9 005	-509	8 514

第六章 曲柄-等距固接双连杆机构发动机 OM-127 作用力和反作用力的确定

续表

α /(°)	I 排 P_{gB} $\alpha_{Bcn}^{*}=0°$	I 排 P_{gH} $\alpha_{Bcn}=180°$	III 排 P_{gH} $\alpha_{Bcn}=360°$	III 排 P_{gB} $\alpha_{Bcn}=540°$	P_{Bl} /kg	α /(°)	I 排 P_{gB} $\alpha_{Bcn}^{*}=0°$	I 排 P_{gH} $\alpha_{Bcn}=180°$	III 排 P_{gH} $\alpha_{Bcn}=360°$	III 排 P_{gB} $\alpha_{Bcn}=540°$	P_{Bl} /kg
50	9 926	-462	171	-189	9 446	420	189	-171	7 225	-566	6 677
60	7 963	-514	171	-189	7 431	430	189	-171	5 821	-642	5 197
70	6 416	-582	171	-189	5 816	440	189	-171	4 879	-717	4 180
80	5 378	-650	171	-189	4 710	450	189	-171	4 092	-868	3 242
90	4 510	-788	171	-189	3 704	460	189	-171	3 510	-1 057	2 471
100	3 868	-959	171	-189	2 891	470	189	-171	3 082	-1 264	1 836
110	3 397	-1 147	171	-189	2 232	480	189	-171	2 739	-1 604	1 153
120	3 019	-1 455	171	-189	1 546	490	189	-171	2 465	-2 019	464
130	2 717	-1 832	171	-189	867	500	189	-171	2 157	-2 642	-467
140	2 378	-2 397	171	-189	-37	510	189	-171	1 832	-3 378	-1 528
150	2 019	-3 064	171	-189	-1 063	520	189	-171	1 438	-4 284	-2 828
160	1 585	-3 886	171	-189	-2 319	530	189	-171	1 044	-5 472	-4 410
170	1 151	-4 965	171	-189	-3 832	540	415	-171	685	-6 322	-5 393
180	755	-5 735	377	-189	-4 792	550	419	-171	171	-19 870	-19 451
190	189	-18 027	380	-189	-17 647	560	434	-171	171	-19 455	-19 021
200	189	-17 651	394	-189	-17 257	570	470	-171	171	-15 945	-15 475
210	189	-14 466	426	-189	-14 040	580	476	-171	171	-12 643	-12 167
220	189	-11 470	431	-189	-11 039	590	510	-171	171	-9 926	-9 416
230	189	-9 005	462	-189	-8 543	600	566	-171	171	-7 963	-7 397
240	189	-7 225	514	-189	-6 711	610	642	-171	171	-6 416	-5 774
250	189	-5 821	582	-189	-5 239	620	717	-171	171	-5 378	-4 661
260	189	-4 879	650	-189	-4 229	630	868	-171	171	-4 510	-3 642
270	189	-4 092	788	-189	-3 304	640	1 057	-171	171	-3 868	-2 811

续表

α /(°)	I 排 P_{gB} α^*_{Bcn} =0°	I 排 P_{gH} α_{Bcn} =180°	III 排 P_{gH} α_{Bcn} =360°	III 排 P_{gB} α_{Bcn} =540°	P_{B1} /kg	α /(°)	I 排 P_{gB} α^*_{Bcn} =0°	I 排 P_{gH} α_{Bcn} =180°	III 排 P_{gH} α_{Bcn} =360°	III 排 P_{gB} α_{Bcn} =540°	P_{B1} /kg
280	189	−3 510	959	−189	−2 551	650	1 264	−171	171	−3 397	−2 133
290	189	−3 082	1 147	−189	−1 935	660	1 604	−171	171	−3 019	−1 415
300	189	−2 739	1 455	−189	−1 284	670	2 019	−171	171	−2 717	−698
310	189	−2 465	1 832	−189	−633	680	2 642	−171	171	−2 378	264
320	189	−2 157	2 397	−189	240	690	3 378	−171	171	−2 019	1 359
330	189	−1 832	3 064	−189	1 232	700	4 284	−171	171	−1 585	2 699
340	189	−1 438	3 886	−189	2 448	710	5 472	−171	171	−1 151	4 321
350	189	−1 044	4 965	−189	3 921	720	6 322	−377	171	−755	5 361
360	189	−685	5 735	−415	4 824	—	—	—	—	—	—

α^*_{Bcn} — 混合气点火角。

表 22　作用于第三曲柄销的气体作用力

α /(°)	I 排 P_{gB} α^*_{Bcn} =360°	I 排 P_{gH} α_{Bcn} =540°	III 排 P_{gH} α_{Bcn} =0°	III 排 P_{gB} α^*_{Bcn} =180°	P_{g3} /kg	α /(°)	I 排 P_{gB} α^*_{Bcn} =0°	I 排 P_{gH} α_{Bcn} =180°	III 排 P_{gH} α_{Bcn} =360°	III 排 P_{gB} α_{Bcn} =540°	P_{g3} /kg
0	189	−685	5 735	−415	4 824	370	19 870	−380	171	−189	19 472
10	189	−171	18 027	−419	17 626	380	19 455	−394	171	−189	19 043
20	189	−171	17 651	−434	17 235	390	15 945	−426	171	−189	15 501
30	189	−171	14 466	−470	14 014	400	12 643	−431	171	−189	12 194
40	189	−171	11 470	−476	11 012	410	9 926	−462	171	−189	9 446
50	189	−171	9 005	−509	8 514	420	7 963	−514	171	−189	7 431
60	189	−171	7 225	−566	6 677	430	6 416	−582	171	−189	5 816
70	189	−171	5 821	−642	5 197	440	5 378	−650	171	−189	4 710

第六章 曲柄-等距固接双连杆机构发动机 OM-127
作用力和反作用力的确定

续表

α /(°)	I 排		III 排		P_{g3} /kg	α /(°)	I 排		III 排		P_{g3} /kg
	P_{gB} α^*_{Bcn} =360°	P_{gH} α_{Bcn} =540°	P_{gH} α_{Bcn} =0°	P_{gB} α^*_{Bcn} =180°			P_{gB} α^*_{Bcn} =0°	P_{gH} α_{Bcn} =180°	P_{gH} α_{Bcn} =360°	P_{gB} α^*_{Bcn} =540°	
80	189	-171	4 879	-717	4 180	450	4 510	-788	171	-189	3 704
90	189	-171	4 092	-868	3 242	460	3 868	-959	171	-189	2 891
100	189	-171	3 510	-1 057	2 471	470	3 397	-1 147	171	-189	2 232
110	189	-171	3 082	-1 264	1 836	480	3 019	-1 455	171	-189	1 546
120	189	-171	2 739	-1 604	1 153	490	2 717	-1 832	171	-189	867
130	189	-171	2 465	-2 019	461	500	2 378	-2 397	171	-189	-37
140	189	-171	2 157	-2 642	-467	510	2 019	-3 064	171	-189	-1 063
150	189	-171	1 832	-3 378	-1 528	520	1 585	-3 886	171	-189	-2 319
160	189	-171	1 438	-4 284	-2 828	530	1 151	-4 965	171	-189	-3 832
170	189	171	1 044	-5 472	-4 410	540	755	-5 735	377	-189	-4 792
180	415	-171	685	-6 322	-5 393	550	189	-18 027	380	-189	-17 647
190	419	-171	171	-19 870	-19 451	560	189	-17 651	394	-189	-17 257
200	434	-171	171	-19 455	-19 021	570	189	-14 466	426	-189	-14 040
210	470	-171	171	-15 945	-15 475	580	189	-11 470	431	-189	-11 039
220	476	-171	171	-12 643	-12 167	590	189	-9 005	462	-189	-8 543
230	510	-171	171	-9 926	-9 416	600	189	-7 225	514	-189	-6 711
240	566	-171	171	-7 963	-7 397	610	189	-5 821	582	-189	-5 239
250	642	-171	171	-6 416	-5 774	620	189	-4 879	650	-189	-4 229
260	717	-171	171	-5 378	-4 661	630	189	-4 092	788	-189	-3 304
270	868	-171	171	-4 510	-3 642	640	189	-3 510	959	-189	-2 551
280	1 057	-171	171	-3 868	-2 811	650	189	-3 082	1 147	-189	-1 935
290	1 264	-171	171	-3 397	-2 133	660	189	-2 739	1 455	-189	-1 284
300	1 604	-171	171	-3 019	-1 415	670	189	-2 465	1 832	-189	633
310	2 019	-171	171	-2 717	-698	680	189	-2 157	2 397	-189	240

续表

α /(°)	I 排		III 排		P_{g3} /kg	α /(°)	I 排		III 排		P_{g3} /kg
	P_{gB} α_{Bcn}^* =360°	P_{gH} α_{Bcn} =540°	P_{gH} α_{Bcn}^* =0°	P_{gB} α_{Bcn}^* =180°			P_{gB} α_{Bcn}^* =0°	P_{gH} α_{Bcn} =180°	P_{gH} α_{Bcn} =360°	P_{gB} α_{Bcn} =540°	
320	2 642	−171	171	−2 378	264	690	189	−1 832	3 064	−189	1 232
330	3 378	−171	171	−2 019	1 359	700	189	−1 438	3 886	−189	2 448
340	4 284	−171	171	−1 585	2 699	710	189	−1 044	4 965	−189	3 921
350	5 472	−171	171	−1 151	4 321	720	189	−685	5 735	−415	4 824
360	6 322	−377	171	−755	5 361	—					

表23 沿着I排和第III排气缸轴线作用的惯性力和合力   kg

α /(°)	P_{uI} = P_{uIII}	P_{gI} + P_{uI} = P_I	P_{gIII} + P_{uIII} = P_{III}	P'_I = P_{gI} + P'_{uI}	P'_{III} = P_{gIII} + P'_{uIII}	α /(°)	P_{uI} = P_{uIII}	P_{gI} + P_{uI} = P_I	P_{gIII} + P_{uIII} = P_{III}	P'_I = P_{gI} + P'_{uI}	P'_{III} = P_{gIII} + P'_{uIII}
0	−15 990	−10 630	−11 166	−15 110	−15 650	370	−15 747	1 879	3 725	−2 530	−690
10	−15 747	3 725	1 879	−690	−2 530	380	−15 026	2 209	4 017	−1 990	−190
20	−15 026	4 017	2 209	−190	−1 990	390	−13 847	167	1 654	−3 710	−2 220
30	−13 847	1 654	167	−2 200	−3 710	400	−12 248	−1 236	−54	−4 670	−3 490
40	−12 248	−54	−1 236	−3 490	−4 670	410	−10 278	−1 764	−832	−4 650	−3 710
50	−10 278	−832	−1 764	−3 710	−4 650	420	−7 995	−1 318	−564	−3 550	−2 800
60	−7 995	−564	−1 318	−2 800	−3 550	430	−5 468	−271	348	−1 800	−1 180
70	−5 468	348	−271	−1 180	−1 800	440	−2 776	1 404	1 934	630	1 160
80	−2 776	1 934	1 404	1 160	630	450	0	3 242	3 704	3 240	3 704
90	0	3 704	3 240	3 704	3 240	460	2 776	5 247	5 667	6 020	6 440
100	2 776	5 667	5 247	6 440	6 020	470	5 468	7 304	7 700	8 840	9 230
110	5 468	7 700	7 304	9 230	8 840	480	7 995	9 148	9 541	11 380	11 780
120	7 995	9 541	9 148	11 780	11 380	490	10 278	10 742	11 145	13 620	14 030
130	10 278	11 145	10 742	14 030	13 620	500	12 248	11 781	12 211	15 210	15 640

续表

α /(°)	$P_{uI}=P_{uIII}$	$P_{gI}+P_{uI}=P_I$	$P_{gIII}+P_{uIII}=P_{III}$	$P'_I=P_{gI}+P'_I$	$P'_{III}=P_{gIII}+P'_{uIII}$	α /(°)	$P_{uI}=P_{uIII}$	$P_{gI}+P_{uI}=P_I$	$P_{gIII}+P_{uIII}=P_{III}$	$P'_I=P_{gI}+P'_{uI}$	$P'_{III}=P_{gIII}+P'_{uIII}$
140	12 248	12 211	11 781	15 640	15 210	510	13 847	12 319	12 784	16 190	16 660
150	13 847	12 784	12 319	16 660	16 190	520	15 026	12 198	12 707	16 400	16 910
160	15 026	12 707	12 198	16 910	16 400	530	15 747	11 337	11 915	15 750	16 330
170	15 747	11 915	11 337	16 330	15 750	540	15 990	10 597	11 198	15 080	15 680
180	15 990	11 198	10 597	15 680	15 080	550	15 747	-3 704	-1 900	710	2 510
190	15 747	-1 900	-3 704	2 510	710	560	15 026	-3 995	-2 231	210	1 970
200	15 026	-2 231	-3 995	1 970	210	570	13 847	-1 628	-193	2 245	3 680
210	13 847	-193	-1 628	3 680	2 245	580	12 248	81	1 209	3 510	4 640
220	12 248	1 209	81	4 640	3 510	590	10 278	862	1 735	3 740	4 620
230	10 278	1 735	862	4 620	3 740	600	7 995	598	1 284	2 830	3 520
240	7 995	1 284	598	3 520	2 830	610	5 468	-306	229	1 230	1 760
250	5 468	229	-306	1 760	1 230	620	2 776	-1 885	-1 453	-1 110	-680
260	2 776	-1 453	-1 885	-680	-1 110	630	0	-3 642	-3 304	-3 640	-3 304
270	0	-3 304	-3 640	-3 304	-3 640	640	-2 776	-5 587	-5 327	-6 360	-6 100
280	-2 776	-5 327	-5 587	-6 100	-6 360	650	-5 468	-7 601	-7 403	-9 130	-8 935
290	-5 468	-7 403	-7 601	-8 935	-9 130	660	-7 995	-9 410	-9 279	-11 650	-11 510
300	-7 995	-9 279	-9 410	-11 510	-11 640	670	-10 278	-10 976	-10 911	-13 860	-13 790
310	-10 278	-10 911	-10 976	-13 790	-13 860	680	-12 248	-11 984	-12 008	-15 420	-15 440
320	-12 248	-12 008	-11 984	-15 440	-15 420	690	-13 847	-12 488	-12 615	-16 360	-16 480
330	-13 847	-12 615	-12 488	-16 490	-16 360	700	-15 026	-12 327	-12 578	-16 530	-16 780
340	-15 026	-12 578	-12 327	-16 780	-16 530	710	-15 747	-11 426	-11 826	-15 840	-16 240
350	-15 747	-11 826	-11 426	-16 240	-15 840	720	-15 990	-10 630	-11 166	-15 110	-15 650
360	-15 990	-11 166	-10 630	-15 650	-15 110						

表 24　作用于第二曲柄销的气体作用力　　　　　　kg

α /(°)	P_{gB} α_{Bcn} =90°	P_{gB} α_{Bcn} =270°	P_{gH} α_{Bcn} =450°	P_{gH} α_{Bcn} =630°	P_{g2}	α /(°)	P_{gB} α_{Bcn} =90°	P_{gB} α_{Bcn} =270°	P_{gH} α_{Bcn} =450°	P_{gH} α_{Bcn} =630°	P_{g2}
0	868	-189	171	-4 092	-3 242	370	189	-3 868	959	-171	-2 891
10	1 057	-189	171	-3 510	-2 471	380	189	-3 397	1 147	-171	-2 232
20	1 264	-189	171	-3 082	-1 836	390	189	-3 019	1 455	-171	-1 546
30	1 604	-189	171	-2 739	-1 153	400	189	-2 717	1 832	-171	-867
40	2 019	-189	171	-2 465	-464	410	189	-2 378	2 397	-171	37
50	2 642	-189	171	-2 157	467	420	189	-2 019	3 064	-171	1 063
60	3 378	-189	171	-1 832	1 528	430	189	-1 585	3 886	-171	2 319
70	4 284	-189	171	-1 438	2 828	440	189	-1 151	4 965	-171	3 832
80	5 472	-189	171	-1 044	4 410	450	189	-755	5 735	-377	4 792
90	6 322	-415	171	-685	5 393	460	189	-189	18 027	-380	17 647
100	19 870	-419	171	-171	19 451	470	189	-189	17 651	-394	17 257
110	19 455	-434	171	-171	19 021	480	189	-189	14 466	-426	14 040
120	15 945	-470	171	-171	15 475	490	189	-189	11 470	-431	11 039
130	12 643	-476	171	-171	12 167	500	189	-189	9 005	-462	8 543
140	9 926	-509	171	-171	9 417	510	189	-189	7 225	-514	6 711
150	7 963	-566	171	-171	7 397	520	189	-189	5 821	-582	5 239
160	6 416	-642	171	-171	5 774	530	189	-189	4 879	-650	4 229
170	5 378	-717	171	-171	4 661	540	189	-189	4 092	-788	3 304
180	4 510	-868	171	-171	3 642	550	189	-189	3 510	-959	2 551
190	3 868	-1 057	171	-171	2 811	560	189	-189	3 082	-1 147	1 935
200	3 397	-1 264	171	-171	2 133	570	189	-189	2 739	-1 455	1 284
210	3 019	-1 604	171	-171	1 415	580	189	-189	2 465	-1 832	633
220	2 717	-2 019	171	-171	698	590	189	-189	2 157	-2 397	-240
230	2 378	-2 642	171	-171	-264	600	189	-189	1 832	-3 064	-1 232

续表

α /(°)	P_{gB} α_{Bcn} =90°	P_{gB} α_{Bcn} =270°	P_{gH} α_{Bcn} =450°	P_{gH} α_{Bcn} =630°	P_{g2}	α /(°)	P_{gB} α_{Bcn} =90°	P_{gB} α_{Bcn} =270°	P_{gH} α_{Bcn} =450°	P_{gH} α_{Bcn} =630°	P_{g2}
240	2 019	-3 378	171	-171	-1 359	610	189	-189	1 438	-3 886	-2 448
250	1 585	-4 284	171	-171	-2 699	620	189	-189	1 044	-4 965	-3 921
260	1 151	-5 472	171	-1 171	-4 321	630	415	-189	685	-5 735	-4 824
270	755	-6 322	371	-171	-5 361	640	419	-189	171	-18 027	-17 626
280	189	-19 870	380	-171	-19 472	650	434	-189	171	-17 651	-17 235
290	189	-19 455	394	-171	-19 043	660	470	-189	171	-14 466	-14 014
300	189	-15 945	426	-171	-15 501	670	476	-189	171	-11 470	-11 012
310	189	-12 641	431	-171	-12 194	680	510	-189	171	-9 005	-8 513
320	189	-9 926	462	-171	-9 446	690	566	-189	171	-7 225	-6 677
330	189	-7 963	514	-171	-7 431	700	642	-189	171	-5 821	-5 197
340	189	-6 416	582	-171	-5 816	710	717	-189	171	-4 879	-4 180
350	189	-5 378	650	-171	-4 710	720	868	-189	171	-4 092	-3 242
360	189	-4 510	788	-171	-3 704	—	—	—	—	—	—

表25 作用于第四曲柄销的气体作用力 (kg)

α /(°)	P_{gB} α_{Bcn} =90°	P_{gB} α_{Bcn} =270°	P_{gH} α_{Bcn} =450°	P_{gH} α_{Bcn} =630°	P_{g2}	α/(°)	P_{gB} α_{Bcn} =90°	P_{gB} α_{Bcn} =270°	P_{gH} α_{Bcn} =450°	P_{gH} α_{Bcn} =630°	P_{g2}
0	189	-4 510	788	-171	-3 704	370	1 057	-189	171	-3 510	-2 471
10	189	-3 868	959	-171	-2 891	380	1 264	-189	171	-3 082	-1 836
20	189	-3 397	1 147	-171	-2 232	390	1 604	-189	171	-2 739	-1 153
30	189	-3 019	1 455	-171	-1 546	400	2 019	-189	171	-2 465	-464
40	189	-2 717	1 832	-171	-867	410	2 642	-189	171	-2 157	467
50	189	-2 378	2 397	-171	37	420	3 378	-189	171	-1 832	1 528
60	189	-2 019	3 064	-171	1 063	430	4 284	-189	171	-1 438	2 828

续表

α/(°)	P_{gB} $\alpha_{Bcn}=90°$	P_{gB} $\alpha_{Bcn}=270°$	P_{gH} $\alpha_{Bcn}=450°$	P_{gH} $\alpha_{Bcn}=630°$	P_{g2}	α/(°)	P_{gB} $\alpha_{Bcn}=90°$	P_{gB} $\alpha_{Bcn}=270°$	P_{gH} $\alpha_{Bcn}=450°$	P_{gH} $\alpha_{Bcn}=630°$	P_{g2}
70	189	-1 585	3 886	-171	2 319	440	5 472	-189	171	-1 044	4 410
80	189	-1 151	4 965	-171	3 832	450	6 322	-415	171	-685	5 393
90	189	-775	5 735	-377	4 792	460	19 870	-419	171	-171	19 451
100	189	-189	18 027	-380	17 647	470	19 455	-434	171	-171	19 021
110	189	-189	17 651	-394	17 257	480	15 945	-470	171	-171	15 475
120	189	-189	14 466	-426	14 040	490	12 643	-476	171	-171	12 167
130	189	-189	11 470	-431	11 039	500	9 926	-509	171	-171	9 417
140	189	-189	9 005	-462	8 543	510	7 963	-566	171	-171	7 397
150	189	-189	7 225	-514	6 711	520	6 416	-642	171	-171	5 774
160	189	-189	5 821	-582	5 239	530	5 378	-717	171	-171	4 661
170	189	-189	4 879	-650	4 229	540	4 510	-868	171	-171	3 642
180	189	-189	4 092	-788	3 304	550	3 868	-1 057	171	-171	2 811
190	189	-189	3 510	-959	2 551	560	3 397	-1 264	171	-171	2 133
200	189	-189	3 082	-1 147	1 935	570	3 019	-1 604	171	-171	1 415
210	189	-189	2 739	-1 455	1 283	580	2 717	-2 019	171	-171	698
220	189	-189	2 465	1 832	633	590	2 378	-2 642	171	-171	-264
230	189	-189	2 157	-2 397	-240	600	2 019	-3 378	171	-171	-1 359
240	189	-189	1 832	-3 064	-1 232	610	1 585	-4 284	171	-171	-2 699
250	189	-189	1 438	-3 886	-2 448	620	1 151	-5 472	171	-171	-4 321
260	189	-189	1 044	-4 965	-3 921	630	755	-6 322	377	-171	-5 361
270	415	-189	685	-5 735	-4 824	640	189	-19 870	380	-171	-19 472
280	419	-189	171	-18 027	-17 626	650	189	-19 455	394	-171	-19 043
290	434	-189	171	-17 651	-17 235	660	189	-15 945	426	-171	-15 501
300	470	-189	171	-14 466	-14 014	670	189	-12 643	431	-171	-12 194
310	476	-189	171	-11 470	-11 012	680	189	-9 926	462	-171	-9 446

续表

α /(°)	P_{gB} α_{Bcn} =90°	P_{gB} α_{Bcn} =270°	P_{gH} α_{Bcn} =450°	P_{gH} α_{Bcn} =630°	P_{g2}	α/(°)	P_{gB} α_{Bcn} =90°	P_{gB} α_{Bcn} =270°	P_{gH} α_{Bcn} =450°	P_{gH} α_{Bcn} =630°	P_{g2}
320	510	-189	171	-9 005	-8 513	690	189	-7 963	514	-171	-7 431
330	566	-189	171	-7 225	-6 677	700	189	-6 416	582	-171	-5 816
340	642	-189	171	-5 821	-5 997	710	189	-5 378	650	-171	-4 710
350	717	-189	171	-4 879	-4 180	720	189	-4 510	788	-171	-3 704
360	868	-189	171	-4 092	-3 242	—	—	—	—	—	—

表26　沿着Ⅱ排和Ⅳ排气缸轴线作用的惯性力和合力　　　kg

α/(°)	$P'_{u\text{Ⅱ}} = P_{u\text{Ⅳ}}$	$P_{g\text{Ⅱ}} + P_{u\text{Ⅱ}} = P_{\text{Ⅱ}}$	$P_{g\text{Ⅳ}} + P_{u\text{Ⅳ}} = P_{\text{Ⅳ}}$	$P'_{\text{Ⅱ}} = P_{g\text{Ⅱ}} + P'_{u\text{Ⅱ}}$	$P'_{\text{Ⅳ}} = P_{g\text{Ⅳ}} + P'_{u\text{Ⅳ}}$	α/(°)	$P'_{u\text{Ⅱ}} = P_{u\text{Ⅳ}}$	$P_{g\text{Ⅱ}} + P_{u\text{Ⅱ}} = P_{\text{Ⅱ}}$	$P_{g\text{Ⅳ}} + P_{u\text{Ⅳ}} = P_{\text{Ⅳ}}$	$P'_{\text{Ⅱ}} = P_{g\text{Ⅱ}} + P'_{u\text{Ⅱ}}$	$P'_{\text{Ⅳ}} = P_{g\text{Ⅳ}} + P'_{u\text{Ⅳ}}$
0	0	-3 240	-3 704	-3 240	-3 704	370	-2 776	-5 667	-5 247	-6 440	-6 020
10	-2 776	-5 247	-6 557	-6 020	-6 440	380	-5 468	-7 700	-7 304	-9 230	-8 840
20	-5 468	-7 304	-7 700	-8 840	-9 230	390	-7 995	9 541	-9 148	-11 780	-11 380
30	-7 995	-9 148	-9 541	-11 380	-11 780	400	-10 278	-11 145	-10 742	-14 030	-13 620
40	-10 278	-10 742	-11 145	-13 620	-14 030	410	-12 248	-12 211	-11 781	-15 640	-15 210
50	-12 248	-11 781	-12 211	-15 210	-15 640	420	-13 847	-12 784	-12 319	-16 660	-16 190
60	-13 847	-12 319	-12 784	-16 190	-16 660	430	-15 026	-12 707	-12 198	-16 910	-16 400
70	-15 026	-12 198	-12 707	-16 400	-16 910	440	-15 747	-11 915	-11 337	-16 330	-15 750
80	-15 747	-11 337	-11 915	-15 750	-16 330	450	-15 990	-11 193	-10 597	-15 680	-15 080
90	-15 990	-10 597	-11 198	-15 080	-15 680	460	-15 747	1 900	3 704	-2 510	-710
100	-15 747	3 704	1 900	-710	-2 510	470	-15 026	2 231	3 995	-1 970	-210
110	-15 026	3 995	2 231	-210	-1 970	480	-13 847	193	1 628	-3 680	-2 245
120	-13 847	1 628	193	-2 245	-3 680	490	-12 248	-1 209	-81	-4 640	-3 510
130	-12 248	-81	-1 209	-3 510	-4 640	500	-10 278	-1 735	-861	-4 620	-3 740
140	-10 278	-861	-1 735	-3 740	-4 620	510	-7 995	-1 284	-598	-3 520	-2 830

续表

α /(°)	$P'_{u\mathrm{II}} = P'_{u\mathrm{IV}}$	$P_{g\mathrm{II}} + P_{u\mathrm{II}} = P_{\mathrm{II}}$	$P_{g\mathrm{IV}} + P_{u\mathrm{IV}} = P_{\mathrm{IV}}$	$P'_{\mathrm{II}} = P_{g\mathrm{II}} + P'_{u\mathrm{II}}$	$P'_{\mathrm{IV}} = P_{g\mathrm{IV}} + P'_{u\mathrm{IV}}$	α /(°)	$P'_{u\mathrm{II}} = P'_{u\mathrm{IV}}$	$P_{g\mathrm{II}} + P_{u\mathrm{II}} = P_{\mathrm{II}}$	$P_{g\mathrm{IV}} + P_{u\mathrm{IV}} = P_{\mathrm{IV}}$	$P'_{\mathrm{II}} = P_{g\mathrm{II}} + P'_{u\mathrm{II}}$	$P'_{\mathrm{IV}} = P_{g\mathrm{IV}} + P'_{u\mathrm{IV}}$
150	-7 995	-598	-1 284	-2 830	-3 520	520	-5 468	-229	306	-1 760	-1 230
160	-5 468	306	-229	-1 230	-1 760	530	-2 776	1 453	1 885	680	1 110
170	-2 776	1 885	1 453	1 110	680	540	0	3 304	3 642	3 304	3 640
180	0	3 642	3 304	3 640	3 340	550	2 776	5 327	5 587	6 100	6 360
190	2 776	5 587	5 327	6 360	6 100	560	5 468	7 403	7 601	8 935	9 130
200	5 468	7 610	7 403	9 130	8 935	570	7 995	9 279	9 410	11 510	11 640
210	7 995	9 410	9 279	11 650	11 510	580	10 278	10 911	10 976	13 790	13 860
220	10 278	10 976	10 911	13 860	13 790	590	12 248	12 008	11 984	15 440	15 420
230	12 248	11 984	12 008	15 420	15 440	600	13 847	12 615	12 488	16 490	16 360
240	13 847	12 488	12 615	16 360	16 490	610	15 026	12 578	12 327	16 780	16 530
250	15 026	12 327	12 578	16 530	16 780	620	15 747	11 826	11 426	16 240	15 840
260	15 747	11 426	11 826	15 840	16 240	630	15 990	11 166	10 630	15 650	15 110
270	15 990	10 630	11 166	15 110	15 650	640	15 747	-1 879	3 725	2 530	690
280	15 747	-3 725	-1 879	690	2 530	650	15 026	-220	-4 017	1 990	190
290	15 026	-4 017	-2 209	190	1 990	660	13 847	-16	-1 654	3 710	2 220
300	13 847	-1 654	-167	2 220	3 710	670	12 248	1 236	54	4 670	3 490
310	12 248	54	1 236	3 490	4 670	680	10 278	1 765	832	4 650	3 710
320	10 278	832	1 765	3 710	4 650	690	7 995	1 318	564	3 550	2 800
330	7 995	564	1 318	2 800	3 550	700	5 468	271	-348	1 800	1 180
340	5 468	-348	271	1 180	1 800	710	2 776	-140	-1 934	-630	-1 160
350	2 776	-1 934	-1 404	-1 160	-630	720	0	-3 242	-3 704	-3 240	-3 704
360	0	-3 704	-3 240	-3 704	-3 242						

2. 发动机扭矩

表 27 给出了由式（38）和式（39）计算出的 OM-127 发动机切向力 T_{pe3} 和扭矩 M_{kp} 的值。

表 27　OM-127 发动机的切向力 T_{pe3} 和扭矩 M_{kp}

$\alpha/(°)$				T_{pe3}/kg	M_{kp}/(kg·m)	$\alpha/(°)$				T_{pe3}/kg	M_{kp}/(kg·m)
0	90	180	270	13 890	507	50	140	230	320	26 820	980
10	100	190	280	23 550	860	60	150	240	330	21 900	800
20	110	200	290	32 500	1185	70	160	250	340	17 250	630
30	120	210	300	34 300	1250	80	170	260	350	14 650	535
40	130	220	310	31 800	1160	90	180	270	360	13 890	507

如图 137 所示，$M_{kp}=f(\alpha)$。

求出曲线所界定区域面积为 158 cm² 的矩形，在这个区域上确定扭矩的平均值：

$$M_{kpcp}=9.8\times158/0.18\approx8\ 602\ (\text{N}\cdot\text{m})$$

0.18 是扭矩图的比例系数。发动机的指示功率为：

$$N_i=M_{kpcp}\cdot n/9\ 549=880\times9.8\times2\ 800/9\ 549\approx2\ 528.76\ (\text{kW})$$

通过热力学计算的指示功率为：

$$N_i=i\times(N_{iB}+N_{iH})=8\times(221+200)\times0.735=2\ 475.48\ (\text{kW})$$

式中　N_{iB} 和 N_{iH}——上、下部燃烧室的指示功率。

这种方法确定的 M_{kpcp} 的误差为 2%。

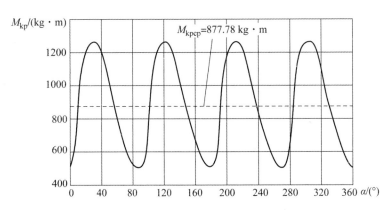

图 137　由式（38）和式（39）计算出的发动机扭矩

第2节 确定影响系数 a_{ij}、b_i、c_i、c_i'

三主轴颈支撑曲轴的主要设计尺寸如图138所示。

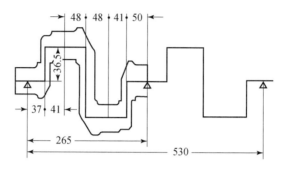

图138 三主轴颈支撑曲轴的主要设计尺寸（单位：mm，后同）

图139所示为单位力施加到曲柄销中心的弯矩图。

曲轴平面内的影响系数首先根据曲轴没有中间主轴颈支撑的假设来确定。

用 a_{ij}' 来表示没有中间主轴颈支撑的曲轴的影响系数，然后系数 a_{11}' 通过图139（a）自乘求出；系数 a_{12}' 通过图139（a）乘以图139（b）求出；系数 a_{13}' 通过图139（a）乘以图139（c）求出；系数 a_{14}' 通过图139（a）乘以图139（d）求出；系数 a_{22}' 通过图139（b）自乘求出；系数 a_{23}' 通过图139（b）乘以图139（c）求出。

图乘后得到：

$$Ea_{11}' = \frac{7.8 \cdot 45.2(53^2 - 45.2^2 - 7.8^2)}{6 \cdot 53 \cdot 500} + \frac{5.155^2 \cdot 3.65}{150} + \frac{5.947^2 \cdot 7.3}{90} +$$

$$\frac{4.637^2 \cdot 3.65}{180} + \frac{3.165^2 \cdot 3.65}{180} + \frac{1.855^2 \cdot 7.3}{90} + \frac{0.5446^2 \cdot 3.65}{150}$$

$$= 5.600;$$

$$-Ea_{12}' = \frac{7.8 \cdot 35.6(53^2 - 35.6^2 - 7.8^2)}{6 \cdot 53 \cdot 500} + \frac{3.155 \cdot 3.65 \cdot 2.488}{150} +$$

$$\frac{5.947 \cdot 7.3 \cdot 8.47}{90} + \frac{4.637 \cdot 3.65 \cdot 10.33}{180} + \frac{3.165 \cdot 3.65 \cdot 7.05}{180} +$$

$$\frac{1.855 \cdot 7.3 \cdot 4.133}{90} + \frac{0.5446 \cdot 3.65 \cdot 1.214}{150}$$

$$= 8.920;$$

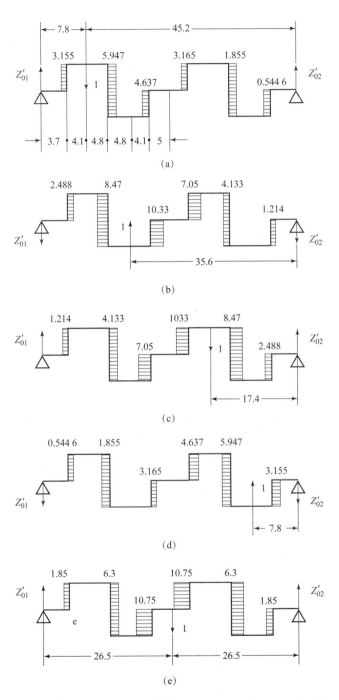

图139 径向单位力施加到各中间曲柄销上得到的曲轴弯矩图
(a) 第一个曲柄销；(b) 第二个曲柄销；(c) 第三个曲柄销；
(d) 第四个曲柄销；(e) 中间支撑轴颈

$$Ea'_{13} = \frac{7.8 \cdot 17.4(53^2 - 17.4^2 - 7.8^2)}{6 \cdot 53 \cdot 500} + \frac{3.155 \cdot 3.65 \cdot 1.214}{150} +$$

$$\frac{5.947 \cdot 7.3 \cdot 4.133}{90} + \frac{4.637 \cdot 3.65 \cdot 7.05}{180} + \frac{3.165 \cdot 3.65 \cdot 10.33}{180} +$$

$$\frac{1.855 \cdot 7.3 \cdot 8.47}{90} + \frac{0.5446 \cdot 3.65 \cdot 2.488}{150}$$

$$= 6.800;$$

$$Ea'_{14} = \frac{7.8^2(53^2 - 7.8^2 - 7.8^2)}{6 \cdot 53 \cdot 500} + 2\left(\frac{3.155 \cdot 3.65 \cdot 0.5446}{150} + \right.$$

$$\left.\frac{1.855 \cdot 7.3 \cdot 5.947}{90} + \frac{4.637 \cdot 3.65 \cdot 3.165}{180}\right)$$

$$= 3.493;$$

$$Ea'_{22} = \frac{17.4 \cdot 35.6 \cdot (53^2 - 35.6^2 - 17.4^2)}{6 \cdot 53 \cdot 500} + \frac{2.488^2 \cdot 3.65}{150} + \frac{8.47^2 \cdot 7.3}{90} +$$

$$\frac{10.33^2 \cdot 3.65}{180} + \frac{7.05^2 \cdot 3.65}{180} + \frac{4.133^2 \cdot 7.3}{90} + \frac{1.214^2 \cdot 3.65}{150}$$

$$= 15.393;$$

$$Ea'_{23} = \frac{17.4^2(53^2 - 17.4^2 - 17.4^2)}{6 \cdot 53 \cdot 500} + 2\left(\frac{1.214 \cdot 3.65 \cdot 2.488}{150} + \right.$$

$$\left.\frac{4.133 \cdot 7.3 \cdot 8.47}{90} + + \frac{10.33 \cdot 7.05 \cdot 3.65}{180}\right)$$

$$= 12.99$$

为了计算中间支撑，单位力被施加到曲柄的中间支撑轴颈上。它在中间曲柄销上的挠度将由 a'_{i5} ($i = 1, 2, 3, 4$) 表示，在曲轴的中间通过 a'_{55} 表示。

由于采用对称曲轴，可知：

$$a'_{15} = -a'_{45} \quad ua'_{25} = -a'_{35}$$

系数 a'_{55} 通过图 139 (e) 自乘求得；系数 a'_{15} 通过图 139 (a) 乘以图 139 (e) 求得；系数 a'_{25} 通过图 139 (e) 乘以图 139 (b) 求得。

可得：

$$Ea'_{55} = \frac{26.5^2(53^2 - 26.5^2 - 26.5^2)}{6 \cdot 53 \cdot 500} + 2\left(\frac{1.85^2 \cdot 3.65}{150} + \frac{6.3^2 \cdot 7.3}{90} + \frac{10.75^2 \cdot 3.65}{180}\right)$$

$$= 17.51;$$

$$Ea'_{15} = \frac{26.5 \cdot 7.8(53^2 - 7.8^2 - 26.5^2)}{6 \cdot 53 \cdot 500} + \frac{1.85 \cdot 3.155 \cdot 3.65}{150} +$$

$$\frac{6.3 \cdot 5.947 \cdot 7.3}{90} + \frac{10.75 \cdot 4.637 \cdot 3.65}{180} + \frac{10.75 \cdot 3.165 \cdot 3.65}{180} +$$

$$\frac{6.3 \cdot 1.855 \cdot 7.3}{90} + \frac{1.85 \cdot 0.5466 \cdot 3.65}{150}$$

$$= 8.51;$$

$$-Ea'_{15} = \frac{26.5 \cdot 14.7 \ (53^2 - 26.5^2 - 17.4^2)}{6 \cdot 53 \cdot 500} + \frac{1.85 \cdot 2.488 \cdot 3.65}{150} +$$

$$\frac{6.3 \cdot 8.47 \cdot 7.3}{90} + \frac{10.75 \cdot 10.33 \cdot 3.65}{180} + \frac{10.75 \cdot 7.05 \cdot 3.65}{180} +$$

$$\frac{6.3 \cdot 4.133 \cdot 7.3}{90} + \frac{1.85 \cdot 1.214 \cdot 3.65}{150}$$

$$= 15.62$$

如果向上作用为正，对中间支撑的反作用力 Z_0 为：

$$Z_0 = \frac{1}{a'_{55}}(a'_{55}Z_1 + a'_{25}Z_2 - a'_{25}Z_3 + a'_{15}Z_4)$$

$$= 0.486(Z_1 - Z_4) + 0.892(Z_3 - Z_2)$$

如果有中间支撑，影响系数为：

$$a_{11} = a'_{11} - \frac{(a'_{15})^2}{a'_{55}} = 1.464; \quad a_{12} = a'_{12} - \frac{a'_{15}a'_{25}}{a'_{55}} = -1.330;$$

$$a_{13} = a'_{13} + \frac{a'_{15}a'_{25}}{a'_{55}} = 0.790; \quad a_{14} = a'_{14} + \frac{(a'_{15})^2}{a'_{55}} = 0.643;$$

$$a_{22} = a'_{22} - \frac{(a'_{25})^2}{a'_{55}} = 1.463; \quad a_{23} = a'_{23} + \frac{(a'_{25})^2}{a'_{55}} = 0.940$$

使用式 (27)，可知：

$$a_1 = a_{11} - a_{31} = 1.464 + 0.790 = 2.254;$$
$$a_2 = a_{12} - a_{32} = -1.330 - 0.940 = -2.270;$$
$$a_3 = a_{13} - a_{33} = -0.790 - 1.463 = -2.253;$$
$$a_4 = a_{14} - a_{34} = 0.643 + 1.33 = 1.973;$$
$$a'_1 = a_{21} - a_{41} = -1.33 - 0.643 = -1.973;$$
$$a'_2 = a_{22} - a_{42} = 1.463 + 0.790 = 2.253;$$
$$a'_3 = a_{23} - a_{43} = 0.94 + 1.33 = 2.270;$$
$$a'_4 = a_{24} - a_{44} = -0.790 - 1.46 = -2.254$$

由力系 T_1、T_2、T_3、T_4 作用于中间支撑而产生的反作用力，可以从力系 $\sum T_i$ 产生挠度的条件中求出。

对于两个支撑轴承的曲轴 [图 140 (a)]，构造由力系 $\sum T_i$ 的作用产生的弯矩和扭矩图，以及单位力作用到双轴承曲轴的中间支撑轴颈上产生的弯曲和扭转力矩的图 [图 140 (b)]。

图 140 (b) 自乘，可获得单位力作用下中间支撑颈部的挠度 δ_B，其他支撑轴颈相同：

$$E\delta_B = 2\left[\frac{26.5 \cdot 13.25^2}{3.500} + \frac{E}{G}\left(\frac{1.85^2 \cdot 3.65}{1\ 000} + \frac{6.3^2 \cdot 7.3}{450} + \right.\right.$$

$$\left.\left. \frac{10.75^2 \cdot 3.65}{1\ 300} + \frac{1.825^2 \cdot 8.9 \cdot 2}{1\ 000}\right)\right]$$

$$= 11.66$$

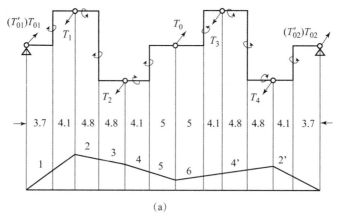

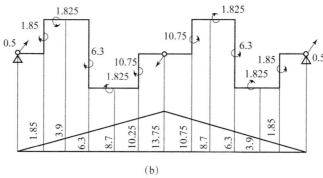

图 140 切向力作用下曲轴的弯矩和扭矩图
(a) T_i,作用在曲柄销上的力;(b) 作用在中间支撑轴颈的单位力

图 140 (a) 乘以图 140 (b),在力系 $\sum T_i$ 作用于双轴承支撑的曲轴时,由中间支撑轴颈的挠度 $\delta_{B\sum T_i}$ 可以得到:

$$E\delta_{B\sum T_i} = \frac{1}{500}\left\{\frac{7.8^2 T'_{01} \cdot 3.9}{3} + \frac{9.6}{6}[7.8T'_{01}(7.8+8.7)+17.4T'_{01} - \right.$$
$$9.6T_1(17.4+3.9)] + \frac{9.1}{6}[(17.4T'_{01}-9.6T_1)(17.4+13.25) +$$
$$(21.5T'_{01}-13.7T_1-4.1T_2)(26.5+8.7) + \frac{7.8^2 \cdot 3.9T'_{02}}{3}] +$$
$$\frac{9.6}{6}[7.8T'_{02}(7.8+8.7)+(17.4T'_{02}-9.6T_4)(17.4+3.9)] +$$
$$\frac{9.1}{6}(17.4T'_{02}-9.6T_4)(17.4+13.25) + (21.5T'_{02}-13.7T_4-4.1T_3)$$
$$\left.(26.5+8.7)\right\} + \frac{E}{G}\left[\frac{3.7 \cdot 3.65 \cdot 1.85T'_{01}}{1\,000} + \frac{(12.6T'_{01}-4.8T_1)7.3 \cdot 6.3}{450} + \right.$$
$$\frac{(21.5T'_{01}-13.7T_1-4.1T_2)3.65 \cdot 10.75}{1\,300} +$$

$$\frac{10.75(21.5T'_{02} - 13.7T_4 - 4.1T_3)3.65}{1\,300} + (12.6T'_{02} - 4.8T_4)7.3 \cdot 6.3 +$$

$$\frac{3.7 \cdot 3.65 \cdot 1.85T'_{02}}{1\,000} + \frac{3.65 \cdot 8.9 \cdot 1.825T'_{01}}{1\,000} + \frac{3.65T'_{02} \cdot 8.9 \cdot 1.825}{1\,000} +$$

$$\frac{(3.65T'_{01} - 7.3T_1)8.9 \cdot 1.825}{1\,000} + \frac{(3.65T'_{02} - 7.3T_4)8.9 \cdot 1.825}{1\,000} \Bigg],$$

其中：

$$T'_{01} = 0.852\,8T_1 + 0.627T_2 + 0.328T_3 + 0.147\,2T_4;$$

$$T'_{02} = 0.147\,2T_1 + 0.328T_2 + 0.672T_3 + 0.852\,8T_4$$

将表达式中的 T'_{01} 和 T'_{02} 代入，变形后得到：

$$E\delta_{B\Sigma T_i} = (5.446T_1 + 10.38T_2 + 10.38T_3 + 5.446T_4)$$

力系 ΣT_i 作用到中间支撑上的反作用力为：

$$T_0 = \frac{-\delta_{B\Sigma T_i}}{\delta_B} = 0.467T_1 + 0.890T_2 + 0.890T_3 - 0.467T_4$$

为了确定三轴承曲轴的系数 c_i、c'_i 和 b_i，应该将其替换为双轴承系数，除了力系 ΣT_i 外，还应附加双支撑曲轴的中间支撑轴承的反作用力。

边端支撑的反作用力 [参见式 (36) 和式 (37)] 为：

$$T_{01} = T'_{01} - \frac{T_0}{2} = 0.619\,3T_1 + 0.227\,0T_2 + 0.117\,0T_3 - 0.086\,3T_4;$$

$$T_{02} = T'_{02} - \frac{T_0}{2} = 0.086\,3T_1 + 0.117\,0T_2 + 0.227\,0T_3 - 0.619\,3T_4$$

在力系 ΣT_i 的作用下，三支撑轴承曲轴的弯矩和扭矩图与图 140 (a) 相同。如果边端支撑受力等于 T_{01} 与 T_{02} 而不是 T'_{01} 和 T'_{02}。除了力系 ΣT_i 之外，对曲轴施加力 T_0。

为了确定挠度 $\theta_2 - \theta_4$，将相反方向的单位力施加到双支撑轴承曲轴的第一个和第三个曲柄销上。

单位力作用下的弯矩和扭矩图如图 141 所示。

图 141 乘以与图 140 (a)，得到：

$$E(\theta_1 - \theta_3) = \frac{1}{500}\Bigg\{\frac{7.8^2 \cdot 4.09 \cdot T'_{01}}{3} + \frac{9.6}{6}\big[7.8T'_{01}(8.18 - 4.7) + (17.4T'_{01})$$

$$(-2.047 + 4.09)\big] + \frac{9.1}{6}\big[(26.5T'_{01} - 18.7T_1 - 9.1T_2)$$

$$(-2 \cdot 4.8 - 0.47) + (17.4T'_{01} - 9.6T_1)(-2 \cdot 0.47 - 4.8) -$$

$$\frac{7.8^2 \cdot 4.09 \cdot T'_{02}}{3}\Bigg] - \frac{9.6}{6}\big[7.8T'_{02}(2 \cdot 4.09 + 9.13) +$$

$$(17.4T'_{02} - 9.6T_4)(2 \cdot 4.8 + 9.13)\big] -$$

$$\frac{9.1}{6}[(26.5T'_{01} - 18.7T_1 - 9.1T_2)(2 \cdot 4.8 + 9.13) +$$

$$(17.4T'_{02} - 9.6T_4)(2 \cdot 9.13 + 4.8)] + \frac{E}{G}\left[\frac{3.65 \cdot 1.941 \cdot 3.7T'_{01}}{1\,000} +\right.$$

$$\frac{(12.6T'_{01} - 4.8T_1)7.3 \cdot 1.81}{450} - \frac{(21.5T'_{01} - 13.7T_1 - 4.1T_2)3.65 \cdot 2.43}{1\,300} -$$

$$\frac{3.7 \cdot 3.65 \cdot 1.941T'_{02}}{1\,000} - \frac{(12.6T'_{02} - 4.8T_4)7.3 \cdot 6.61}{450} -$$

$$\left.\frac{(21.5T'_{02} - 13.7T_4 - 4.1T_3)3.65 \cdot 7.18}{1\,300}\right]\right\} +$$

$$\frac{E}{G}\left[\frac{3.65T'_{01} \cdot 8.9 \cdot 1.915}{1\,000} + \frac{5.385 \cdot 8.9(3.65T'_{01} - 7.3T_1)}{1\,000} -\right.$$

$$\left.\frac{3.65T'_{02} \cdot 8.9 \cdot 1.915}{1\,000} - \frac{1.915 \cdot 8.9(3.65T'_{02} - 7.3T_4)}{1\,000}\right]$$

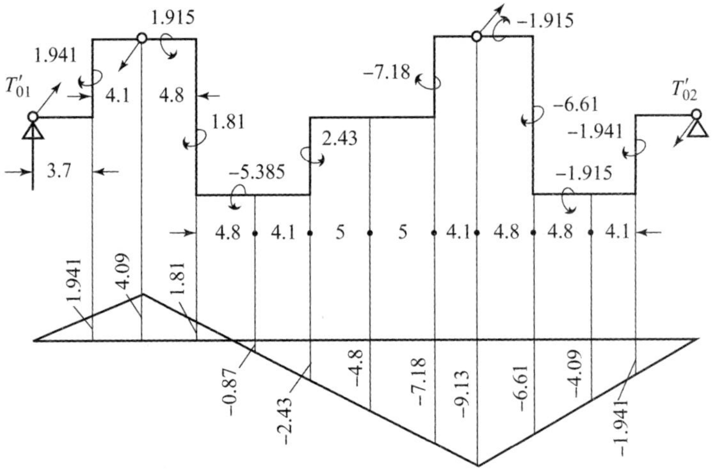

图 141 在第一个和第三个曲柄销上施加切向单位力时曲轴的弯矩和扭矩图

转化后，得到：

$$E(\theta_1 - \theta_3) = -1.731T'_{01} - 8.142T'_{02} + 2.496T_1 + 0.867\,5T_2 + 0.216\,5T_3 + 3.76T_4$$

使用反作用力 T'_{01}、T'_{02} 的值，最终得出结论：

$$E(\theta_1 - \theta_3) = 2.13T_1 + 1.43T_2 - 1.435T_3 - 1.125T_4$$

从上式中得到：

$$c_1 = 2.13, \quad c_2 = 1.43, \quad c_3 = -1.435, \quad c_4 = -1.125$$

为了确定挠度 $\theta_2 - \theta_4$，将相反方向的单位力施加到双支撑轴承曲轴的第二个和第四个曲柄销上。

由这些力的作用产生的弯矩和扭矩图如图 142 所示。

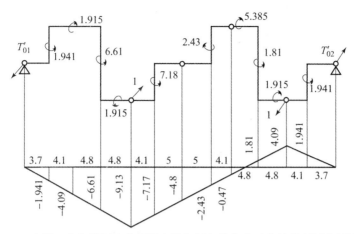

图 142　在第二个和第四个曲柄销上施加切向单位力时曲轴的弯矩和扭矩图

$$-E(\theta_2-\theta_4)=\frac{1}{500}\left\{\frac{7.8^2 T'_{02}\cdot 4.09}{3}+\frac{9.6}{6}[7.8T'_{02}(8.18-0.47)+\right.$$

$$(17.4T'_{02}-9.6T_4)(-2\cdot 0.47+40.9)]+$$

$$\frac{9.1}{6}[(17.4T'_{02}-9.6T_4)(-2\cdot 0.47-4.08)]+$$

$$[(26.5T'_{02}-18.7T_4-9.1T_3)(-2\cdot 4.8-0.47)]$$

$$-\frac{7.8^2 T'_{01}\cdot 4.09}{3}-\frac{9.6}{6}[7.8T'_{01}(2\cdot 4.09+9.13)+$$

$$(17.4T'_{01}-9.6T_1)(2\cdot 9.13+40.9)]-$$

$$\frac{9.1}{6}[(26.5T'_{02}-18.7T_4-9.1T_3)(2\cdot 4.8+9.13)+$$

$$\left.(17.4T'_{01}-9.6T_1)(2\cdot 9.13+4.8)]\right\}+$$

$$\frac{E}{G}\left[\frac{1.941\cdot 3.65\cdot 3.7T'_{02}}{1\,000}+\frac{(12.6T'_{02}-4.8T_4)7.3\cdot 1.81}{450}-\right.$$

$$\frac{(21.5T'_{02}-13.7T_4-4.1T_3)3.65\cdot 2.43}{1\,300}-$$

$$\frac{3.7\cdot 3.65\cdot 1.941T'_{01}}{1\,000}-\frac{(12.6T'_{01}-4.8T_1)7.3\cdot 6.61}{450}-$$

$$\left.\frac{(21.5T'_{01}-13.7T_1-4.1T_2)3.65\cdot 7.18}{1\,300}\right]+$$

$$\frac{E}{G}\left[\frac{3.65T'_{02}\cdot 8.9\cdot 1.915}{1\,000}-\frac{5.385\cdot 8.9(3.65T'_{02}-7.3T_4)}{1\,000}-\right.$$

$$\left.\frac{3.65T'_{01}\cdot 8.9\cdot 1.915}{1\,000}-\frac{1.915\cdot 8.9(3.65T'_{01}-7.3T_1)}{1\,000}\right]$$

$$=-1.731T'_{02}-8.142T'_{01}+2.496T_4+0.867\,5T_3+0.216\,5T_2+3.76T_1$$

消除了反作用力 T'_{01} 和 T'_{02}，通过式（36）和式（37）最终得出结论：

$$-E(\theta_2 - \theta_4) = -(c'_1 T_1 + c'_2 T_2 + c'_3 T_3 + c'_4 T_4)$$
$$= -1.125 T_1 - 1.435 T_2 + 1.430 T_3 + 2.13 T_4$$

从上式中得到：

$$c'_1 = 1.125, \quad c'_2 = 1.435, \quad c'_3 = -1.43, \quad c'_4 = -2.13$$

为了确定挠度 $\theta_1 - \theta_4$，将相同方向的单位力施加到双支撑曲轴的第一个和第四个曲柄销上。

这些力作用产生的弯矩和扭矩图如图 143 所示。

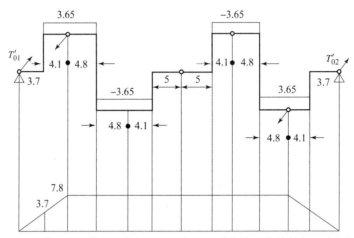

图 143　在第一个和第四个曲柄销上施加切向单位力时曲轴的弯矩和扭矩图

图 143 乘以图 140（a），得到：

$$E(\theta_1 - \theta_4) = E(b_1 T_1 + b_2 T_2 + b_3 T_3 + b_4 T_4)$$
$$= \frac{1}{500} \left[\frac{7.8^3 T'_{01}}{3} + \frac{9.6 \cdot 7.8(25.2 T'_{01} - 9.8 T_1)}{2} + \right.$$
$$\frac{9.1 \cdot 7.8(43.9 T'_{01} - 28.3 T_1 - 9.6 T_2)}{2} + \frac{7.8^3 T'_{02}}{3} +$$
$$\left. \frac{9.6 \cdot 7.8(25.2 T'_{02} - 9.6 T_4)}{2} + \frac{9.1 \cdot 7.8(43.9 T'_{02} - 28.3 T_4 - 9.1 T_3)}{2} \right] +$$
$$\frac{E}{G} \left[\frac{3.7^2 T'_{01} 3.65}{1\,000} + \frac{(12.6 T'_{01} - 4.8 T_1) 7.3 \cdot 7.8}{450} + \right.$$
$$\frac{(21.5 T'_{01} - 13.7 T_1 - 4.1 T_2) 3.65 \cdot 7.8}{1\,300} +$$
$$\frac{3.7^2 T'_{02} \cdot 3.65}{1\,000} + \frac{(12.6 T'_{02} - 4.8 T_4) 7.3 \cdot 7.8}{450} +$$
$$\left. \frac{(21.5 T'_{02} - 13.7 T_4 - 4.1 T_3) 3.65 \cdot 7.8}{1\,300} \right] +$$

$$\frac{E}{G}\left[\frac{8.9 \cdot 3.65^2 T'_{01}}{1000} - \frac{8.9(3.65T'_{01} - 7.3T_1)3.65}{1\,000} + \right.$$

$$\left. \frac{8.9 \cdot 3.65^2 T'_{02}}{1\,000} - \frac{8.9(3.65T'_{02} - 7.3T_4)3.65}{1\,000}\right]$$

$$= 1.30T_1 + 0.315T_2 + 0.315T_3 + 1.30T_4$$

由此得到系数 b_i：$b_1 = 1.30$，$b_2 = 0.315$，$b_3 = 0.315$，$b_4 = 1.30$。

第3节 曲柄－等距固接双连杆机构发动机中确定反作用力的标准方程解法

1. 导轨反作用力的确定

前文中给出了确定导轨反作用力的方程组。

将影响系数代入方程组（26）中，当反作用力 X_i 未知时，对不同夹角 α 获得系数和自由项。这些系数的值在表28中给出。

表28 方程组（26）中对三支撑轴承整体曲轴的系数

α /(°)	第一个方程 系数 X_1、X_3	第一个方程 系数 X_2、X_4	第一个方程 自由项	第二个方程 系数 X_1	第二个方程 系数 X_2	第二个方程 系数 X_3	第二个方程 系数 X_4	第二个方程 自由项
0	1.000	0.000	6 944	2.13	0.00	-1.435	0.00	-460
30	0.866	-0.500	17 100	2.161	-0.364	-1.639	0.367	-4 100
60	0.500	-0.866	10 930	2.223	-0.364	-2.049	0.367	-5 120
90	0.000	-1.00	6 944	2.254	0.00	-2.253	0.00	-3 290
120	-0.500	-0.866	17 100	2.223	0.364	-2.049	-0.367	-1 545
150	-0.866	-0.500	10 930	2.161	0.364	-1 639	-0.367	-4 770
180	-1.000	0.000	6 944	2.13	0.00	-1.435	0.00	1 480
210	-0.866	0.500	17 100	2.161	-0.364	-1.639	0.367	4 320
240	-0.500	0.866	10 930	2.223	-0.364	-2.049	0.367	5 470
270	0.000	1.000	6 944	2.254	0.00	-2.253	0.00	3 420
300	0.500	0.866	17 100	2.223	0.364	-2.049	-0.367	1 540
330	0.866	0.500	10 930	2.161	0.364	-1.639	-0.367	4 750
360	1.000	0.000	6 944	2.13	0.00	-1.435	0.00	-1 650

续表

α /(°)	第三个方程 系数 X_1	X_2	X_3	X_4	自由项	第四个方程 系数 X_1	X_2	X_3	X_4	自由项
0	0.00	2.253	0.00	-2.254	5 720	0.00	-0.79	0.00	1.464	-11 090
30	-0.367	2.049	0.364	-2.222	7 170	0.912	-0.733	-0.480	1.372	-8 030
60	-0.367	1.639	0.364	-2.162	6 920	1.372	-0.480	-0.733	0.912	-11 970
90	0.00	1.435	0.00	-2.131	-460	1.464	0.00	-0.790	0.00	-9 980
120	0.367	1.639	-0.364	-2.162	-3 500	1.372	0.480	-0.733	-0.912	-5 750
150	0.367	2.049	-0.364	-2.222	-4 820	0.912	0.733	-0.480	-1.372	-11 450
180	0.00	2.253	0.00	-2.254	-3 290	0.00	0.79	0.000	-1.464	-9 980
210	-0.367	2.049	0.364	-2.222	-1 645	-0.912	0.733	0.480	-1.372	-5 940
240	-0.367	1.639	0.364	-2.162	-4 835	-1.372	0.48	0.733	-0.912	-11 740
270	0.00	1.435	0.00	-2.13	1 480	-1.464	0.00	0.790	0.00	-10 040
300	0.367	1.639	-0.364	-2.162	4 285	-1.372	-0.48	0.733	0.912	-5 900
330	0.367	2.049	-0.364	-2.222	5 460	-0.912	-0.733	0.480	1.372	-11 750
360	0.00	2.253	0.00	-2.254	3 420	0.00	-0.79	0.00	1.464	-10 040

例如：对 α =30°，方程组（26）将具有以下形式（参见表28中的系数值）：

$0.866X_1 - 0.5X_2 + 0.866X_3 - 0.5X_4 = 17\,100$；

$2.161X_1 - 0.364X_2 - 1.639X_3 + 0.367X_4 = -4\,100$；

$-0.367X_1 - 2.049X_2 + 0.364X_3 - 2.222X_4 = 7\,170$；

$0.912X_1 - 0.733X_2 - 0.480X_3 + 1.372X_4 = -8\,030$。

这个方程组的根可以通过计算四阶行列式或通过连续消除未知数求得。对于 α =30°，$X_1 = 3\,180$，$X_2 = -7\,880$，$X_3 = 6\,250$，$X_4 = -10\,000$。类似地，对另一角度 α 求导轨反作用力 X_i。

表29给出了三支撑轴承整体曲轴反作用力 X_i 的数值。曲柄转角间隔为30°。

图144所示为三支撑轴承整体曲轴反作用力 X_i 的变化。

表 29 导轨反作用力 X_i 的值

$\alpha/(°)$	X_1/kg	X_2/kg	X_3/kg	X_4/kg
0	2 665	-10 950	4 275	-13 490
30	3 180	-7 880	6 250	-10 000
60	-9 150	-10 990	-7 490	-11 240
90	-13 110	-4 275	-11 650	-2 665
120	-920	-5 960	-9 770	-2 820
150	-10 760	7 720	-11 720	9 400
180	-2 380	11 640	-4 560	13 100
210	-2 720	9 570	-6 280	9 000
240	9 430	11 650	7 430	10 700
270	13 040	4 560	11 520	2 380
300	9 070	6 230	9 750	2 645
330	10 700	-7 455	11 700	-9 520
360	2 330	-11 600	4 610	-13 120

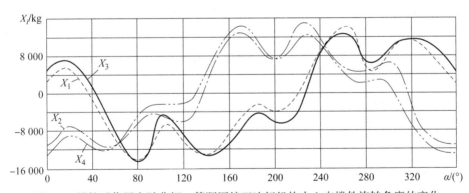

图 144 导轨反作用力随曲柄-等距固接双连杆机构中心支撑件旋转角度的变化

2. 作用在曲柄-等距固接双连杆机构的轴承和曲轴轴颈上力的确定，以及运动副的矢量力图的绘制

已知 X_i 和 P_i，可以确定作用在连接杆轴承和曲轴轴承上的力，$P_{ni} = P_{mi}$，将所得的力 K_{mi} 施加到所述连接杆轴颈和曲轴支撑轴颈及轴承：

$$P_{ni} = P_{mi} = \sqrt{X_i^2 + P_i^2};$$
$$K_{mi} = \sqrt{X_i^2 + P_i'^2}$$

式中 P_i 和 P'_i——忽略和考虑到曲轴质量的惯性力时沿着气缸轴线的作用力。

表30 给出了力 P_{ni} 和 K_{mi} 随角度 α 的变化值。

表30 加载到连接杆轴承和曲轴支撑轴承的力 P_{ni} 和 K_{mi}

$\alpha/(°)$	P^*_{n1}/kg	K_{m1}/kg	P_{n2}/kg	K_{m2}/kg	P_{n3}/kg	K_{m3}/kg	P_{n4}/kg	K_{m4}/kg
0	10 950	15 380	11 420	11 400	11 960	16 250	13 990	13 960
30	3 586	3 860	12 070	13 820	6 252	7 265	13 820	15 450
60	9 160	9 580	16 510	19 600	7 606	8 290	17 020	20 100
90	13 610	13 610	11 430	15 670	12 090	12 100	11 510	15 900
120	13 220	14 950	6 179	6 370	13 380	15 000	2 827	4 640
150	16 700	19 830	7 744	8 230	17 000	19 960	9 488	10 050
180	11 370	15 860	12 200	12 180	11 530	15 760	13 510	13 500
210	2 720	4 580	13 420	15 100	6 488	6 680	12 920	14 620
240	9 500	10 150	17 080	20 050	7 454	7 950	16 540	19 680
270	13 400	13 450	11 560	15 780	12 080	12 050	11 410	15 810
300	12 940	14 660	6 446	6 630	13 550	15 200	2 651	4 550
330	16 540	19 700	7 476	7 960	17 110	20 100	9 611	10 150
360	11 400	15 820	12 190	12 200	11 590	15 820	13 510	13 500

* 索引编号 1~4 表示曲柄销的序号。

图145 为作用在连接杆轴承上的力 P_{ni} 的矢量图，图146 为三轴承支撑整体曲轴的曲柄销上力的矢量图。表31 给出了连接杆滑块盖板上最大和单位压力。

所有连接杆轴承的单位压力大致相同并相等：

$$K_{\max} \approx 385 \text{ kg/cm}^2, \quad K_{cp} = 246 \text{ kg/cm}^2$$

由式（28）计算合力 K_{wi} 在 ACB 所处平面中的分量 Z_i 和垂直于 ACB 所处平面的分量 T_i。表32 给出了不同角度 α 对应的力 Z_i 和 T_i 的值。

通过式（33）~式（35）确定支撑的反作用力在曲轴平面的分量 Z_i 和垂直于该平面的分量 T_i。

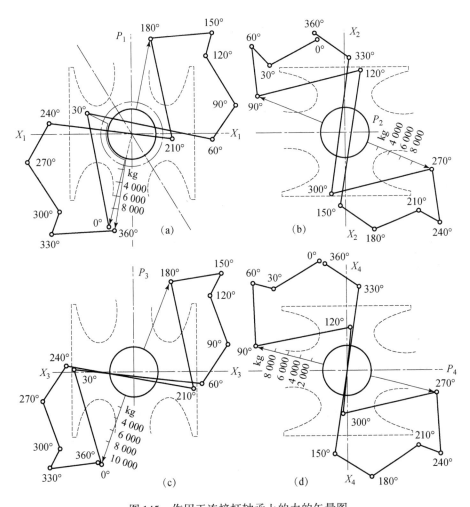

图 145 作用于连接杆轴承上的力的矢量图
(a) 第一轴承；(b) 第二轴承；(c) 第三轴承；(d) 第四轴承

例如，中间支撑的反作用力 z_2 为：

$$z_2 = \frac{1}{a'_{15}}(a'_{15}Z_1 + a'_{25}Z_2 - a'_{35}Z_3 + a'_{15}Z_4) = 0.486(Z_1 - Z_4) + 0.892(Z_3 - Z_2)$$

第一、第二和第三主支撑轴承的 Z_i、T_i 值为：

$$z_1 = 0.6098Z_1 - 0.226Z_2 - 0.118Z_3 + 0.0985Z_4;$$
$$z_2 = 0.486Z_1 - 0.892Z_2 + 0.892Z_3 - 0.486Z_4;$$
$$z_3 = 0.0958Z_1 + 0.118Z_2 0.0226Z_3 - 0.6098Z_4);$$
$$t_1 = 0.6193T_1 + 0.2270T_2 - 0.1170T_3 - 0.0863T_4;$$
$$t_2 = 0.467T_1 + 0.890T_2 + 0.890T_3 + 0.467T_4;$$
$$t_3 = -0.0863T_1 - 0.1170T_2 + 0.2270T_3 + 0.6193T_4$$

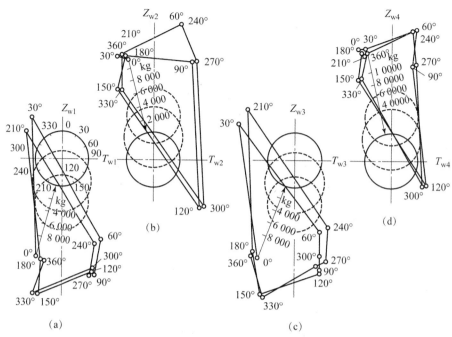

图 146 作用在曲轴曲柄销上的力的矢量图
(a) 第一轴承；(b) 第二轴承；(c) 第三轴承；(d) 第四轴承

表 31 滑块盖板上的最大和单位压力 kg/cm²

单位压力	第 n 个曲柄销对应的滑块盖板			
	第一个	第二个	第三个	第四个
K_{max}	160	142	143	165
K_{cp}	90	104	100	100

表 32 合力 K_{wi} 的径向分量 Z_i 和切向分量 T_i

α /(°)	径向力/kg				切向力/kg			
	Z_1	Z_2	Z_3	Z_4	T_1	T_2	T_3	T_4
0	-15 110	-10 950	-15 650	-13 490	2 665	3 240	4 275	3 704
30	-315	-12 510	-85	-14 550	3 850	5 920	7 265	5 200
60	-9 320	-19 515	-8 275	-20 050	-2 155	-1 455	-675	-1 420
90	-13 100	-15 080	-11 650	-15 680	-3 704	-4 275	-3 240	-2 665
120	-13 890	1 040	-14 150	-1 780	-5 590	-6 280	-4 970	-4 280

续表

α /(°)	径向力/kg				切向力/kg			
	Z_1	Z_2	Z_3	Z_4	T_1	T_2	T_3	T_4
150	-19 810	-8 115	-19 880	-9 910	1 020	1 410	2 055	1 650
180	-15 680	-11 640	-15 080	-13 100	2 380	3 640	4 560	3 304
210	-1 830	-14 125	1 200	-13 560	4 195	5 305	6 560	5 470
240	-9 930	-20 000	-7 850	-19 630	-1 665	-1 920	-1 265	-1 015
270	-13 040	-15 110	-11 520	-15 650	-3 304	-4 560	-3 640	-2 380
300	-13 605	1 195	-14 270	-1 890	-5 435	-6 510	-5 205	-4 145
330	-19 630	-7 860	-20 020	-10 020	1 025	1 305	1 950	1 690
360	-15 650	-11 600	-15 110	-13 120	2 330	3 704	4 610	3 240

施加到曲轴轴颈上 z_i 和 t_i 的合力为：

$$K_{Oi} = \sqrt{z_i^2 + t_i^2}$$

表33 和表34 给出了三轴承支撑整体曲轴在不同转角时，力 z_i、t_i、K_{Oi} 和 R_i 的值。

表33 三轴承支撑整体曲轴的支撑轴承上的反作用力

α /(°)	z_1^*/kg	t_1/kg	R_1/kg	K_1/kg	z_2/kg	t_2/kg	R_2/kg	K_2/kg	z_3/kg	t_3/kg	R_3/kg	K_3/kg
0	-6 180	1 565	-6 180	1 565	-4 980	9 660	-4 980	9 660	4 840	2 660	4 840	2 660
30	1 250	2 420	-1 475	2 290	18 000	5 960	-4 800	23 580	7 390	3 850	365	8 325
60	-2 205	-1 460	2 364	-1 180	15 250	3 565	-4 535	14 980	8 920	-780	-3 785	8 110
90	4 710	-2 650	4 710	2 650	4 290	9 660	-4 290	9 660	-6 400	-1 565	-6 400	1 565
120	-7 205	-3 930	200	8 215	-19 440	14 620	-2 930	24 160	-660	-2 560	-1 890	1 850
150	-8 845	570	-3 930	7 945	-15 830	4 330	-3 915	15 465	2 500	1 230	2 315	-1 550
180	-6 395	1 475	-6 395	1 475	-4 260	9 950	-4 260	9 950	4 695	2 440	4 695	2 440
210	640	2 565	-1 900	1 830	19 380	15 070	-3 360	24 335	7 040	3 890	150	8 045
240	-2 485	-1 230	2 407	-1 535	15 580	4 090	-4 250	15 545	8 765	-550	-3 905	7 875
270	4 660	-2 455	4 660	2 455	4 470	9 950	-4 470	9 950	-6 405	-1 480	-6 405	1 480

续表

α /(°)	z_1^* /kg	t_1 /kg	R_1 /kg	K_1 /kg	z_2 /kg	t_2 /kg	R_2 /kg	K_2 /kg	z_3 /kg	t_3 /kg	R_3 /kg	K_3 /kg
300	−7 070	−3 870	185	8 055	−19 480	4 900	−3 150	24 350	−630	2 515	−1 865	1 805
330	−8 775	560	−3 900	7 880	−15 520	4 165	−4 150	15 530	2 550	1 250	2 355	−1 585
360	−6 405	1 460	−6 405	1 460	−4 370	9 985	−4 370	9 985	4 170	2 420	4 710	2 420

* 索引编号 1~3 为支撑轴承的序号。

表 34　在支撑轴承上的合力

α/(°)	K_{O1}/kg	K_{O2}/kg	K_{O3}/kg
0	6 380	10 850	5 520
30	2 720	24 050	8 340
60	2 640	15 650	8 950
90	5 400	10 580	660
120	8 200	24 350	2 640
150	8 850	15 950	2 785
180	6 560	10 830	5 300
210	2 645	24 500	8 040
240	2 765	16 100	8 770
270	5 260	10 900	6 570
300	8 140	24 500	2 590
330	8 780	16 010	2 840
360	6 560	10 900	5 300
$K_{Oi\,max}$	8 850	24 500	8 950
$K_{Oi\,cp}$	5 760	16 550	5 260

图 147 和图 148 为三轴承支撑整体曲轴主轴颈及其轴承上的力的矢量图。最大和单位压力见表 35。

第六章 曲柄-等距固接双连杆机构发动机 OM-127 作用力和反作用力的确定

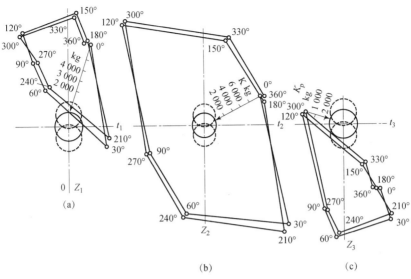

图 147 作用在曲轴主轴颈上的力的矢量图：
（a）第一个；（b）第二个；（c）第三个

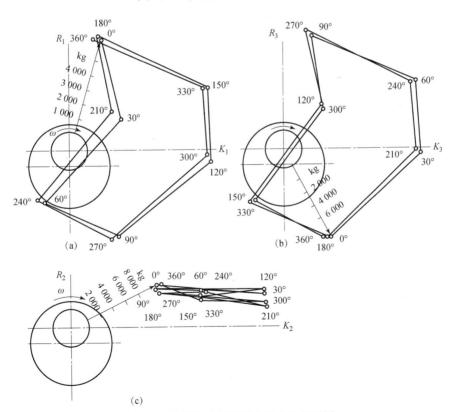

图 148 作用在曲轴轴承上的力的矢量图
（a）第一个；（b）第二个；（c）第三个

表35 曲轴主轴颈及其轴承上的最大和单位压力　　　　kg/cm²

单位压力 /kg·cm⁻²	曲轴主轴颈序号		
	第一个	第二个	第三个
$K_{O\ max}$	120	315	120
$K_{i\ cp}$	73.5	210	73.5

3. 检查计算的准确性

曲轴支撑轴承反作用力的组成部分用 K_i 表示，各力为施加在曲柄 OC 的点 C 的切向力。得到基于大小和方向的切向力的合力 $K_\Sigma = K_1 + K_2 + \cdots + K_i$，与每个转角 α 相对应的作用在机构上的所有力的合力的投影，在方向上垂直于所述径向 OC，有：

$$K_{\Sigma r} = M_{kp} = M_{dB}$$

式中　M_{kp}——发动机扭矩。

为了估计表36中曲柄－等距固接双连杆机构的运动副反作用力的正确性，将所获得的 K_Σ 和 $K_{\Sigma r}$ 的值与从式（38）和式（39）计算出的值进行比较。

表36 发动机的切向力 K_Σ 和扭矩 M_{kp}

$\alpha/(°)$	切向力/kg		扭矩/(kg·m)		(M_{kp}/M_{dB}) /%
	$K_\Sigma = K_1 + K_2 + K_3$	T_{pe3}	$M_{kp} = K_{\Sigma r}$	$M_{dB} = T_{pe3r}$	
0	13 885	13 900	506	507	99.8
30	34 185	34 300	1 245	1 250	99.5
60	21 910	21 900	800	800	100.0
90	13 875	13 900	505	507	99.6
120	34 225	34 300	1 248	1 250	99.8
150	21 860	21 900	800	800	100.0
180	13 865	13 900	506	507	99.8
210	34 210	34 300	1 248	1 250	99.8
240	21 885	21 900	800	800	100.0
270	13 885	13 900	506	507	99.8
300	34 210	34 300	1 248	1 250	99.8
330	21 825	21 900	800	800	100.0
360	13 885	13 900	506	507	99.8

$K_1 \sim K_3$ 和 K_Σ 随角度 α 的变化如图 149 所示。

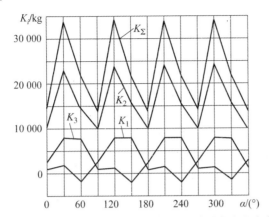

图 149　施加在中心支撑上的切向力随旋转角度的变化

发动机扭矩的变化 $M_{kp} - K_{\Sigma r} = f(\alpha)$，以及由

$$M_{dB} = T_{pe3r} = 2r(P_{g1} + P_{g3})\sin\alpha - 2r(P_{g2} + P_{g4})\cos\alpha$$

计算的发动机扭矩的变化如图 150 所示。

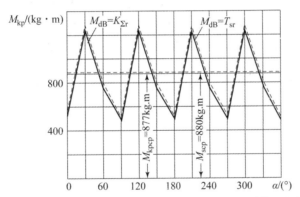

图 150　发动机扭矩与通过轴承中的反作用力与气体作用力计算出的扭矩的比较

从表 36 和图 150 可以看出，从动态计算中获得的参数 M_Σ 和 M_{kp} 的值与从式（38）和式（39）获得的 T_{pe3} 和 M_{dB} 的值相同，并与热计算过程中获得发动机平均扭矩一致性精度为 1.6%。

参 考 文 献

[1] Vikhert M. M.，等. 汽车拖拉机发动机的结构和计算 [J]. 机械工程，1964.

[2] Diachenko N. Kh，等. 内燃机理论 [J]. 机械工程，1965.

[3] 埃德 LK，Kollerova M. 内燃机 [J]. 机器制造，1965.

[4] Ivanov V.，Votintsev A. 飞机发动机 [M]. [出版者不详]，1937.

[5] 巴拉金. 无连杆发动机 [M]. [出版地不详]：机械出版社，1972.

[6] 张更云，万康. 一种微侧压力活塞柴油机运动件的新构思、设计与分析 [J]，兵器装备工程学报，2017（6）：19 - 23.

[7] 张更云，白创军，万康，王普凯. 双主机坦克动力系统研究 [J]. 兵器装备工程学报，2017（4）：18 - 21.

[8] 王宇，陆平，李晓通，等. 柴柴动力装置（CODAD）控制策略研究及齿轮箱优化设计 [J]. 应用科技，2003（12）：52 - 55.

[9] 张均享. 高机动性运载车辆动力系统 [M]. 北京：中国科学技术出版社，2000.

[10] 王宪成，张更云，韩树，等. 车用内燃机学 [M]. 北京：兵器工业出版社，2006.